Exercise book for Astronomy-Space Test

天文宇宙検定

公式問題集

—— 星空博士 ——

天文宇宙検定委員会 編

3級

2024〜2025年

恒星社厚生閣

天文宇宙検定 とは

　科学は本来楽しいものです。楽しさは、意外性、物語性、関係性、歴史性、予言力、洞察力、発展性などが、具体的なものを通じて語られる必要があります。そして何よりも、それを伝える人が楽しまなければなりません。人と人が接し合って伝え合うことの大切さを見直してみる必要があるでしょう。

　宇宙とか天文は、科学をけん引していく重要な分野です。天文宇宙検定は、単に知識の有無を検定するのではなく、「楽しく」、「広がりを持つ」、「考えることを通じて何らかの行動を起こすきっかけをつくる」検定でありたいと願っています。

　個人の楽しみだけに閉じず、多くの市民に広がり、生きた科学に生身で接する検定を目指しておりますので、みなさまのご支援をよろしくお願いいたします。

総合研究大学院大学名誉教授

池内　了

天文宇宙検定3級問題集について

　本書は第1回（2011年実施）～第16回（2023年実施）の天文宇宙検定
3級試験に出題された過去問題と、予想問題を掲載しています。
・本書の章立ては公式テキストに準じた構成になっています。
・2ページ（見開き）ごとに問題、正解・解説を掲載しました。
・過去問題の正答率は、解説の右下にあります。

　天文宇宙検定3級は、公式テキストと公式問題集をしっかり勉強してい
ただければ、天文宇宙検定にチャレンジできるとともに、天文宇宙の世界
を愉しんでいただくことができます。

天文宇宙検定　受験要項

受験資格　天文学を愛する方すべて。2級からの受験も可能です。年齢など制限はございません。
※ただし、1級は2級合格者のみが受験可能です。

出題レベル　**1級 天文宇宙博士（上級）**
理工系大学で学ぶ程度の天文学知識を基本とし、天文関連時事問題や天文関連の教養力
を試したい方を対象。
　2級 銀河博士（中級）
高校生が学ぶ程度の天文学知識を基本とし、天文学の歴史や時事問題等を学びたい方を
対象。
　3級 星空博士（初級）
中学生が学ぶ程度の天文学知識を基本とし、星座や暦などの教養を身につけたい方を対
象。
　4級 星博士ジュニア（入門）
小学生が学ぶ程度の天文学知識を基本とし、天体観察や宇宙についての基礎的知識を得
たい方を対象。

問題数　1級／40問　2級／60問　3級／60問　4級／40問

問題形式　マークシート4者択一方式　　試験時間　　50分

合格基準　1級・2級／100点満点中70点以上で合格
3級・4級／100点満点中60点以上で合格
※ただし、1級試験で60～69点の方は準1級と認定します。

　　試験の詳細につきましては、下記ホームページにてご案内しております。
https://www.astro-test.org/

Exercise book for Astronomy·Space Test

天文宇宙検定
CONTENTS

1章

EXERCISE BOOK FOR ASTRONOMY・SPACE TEST

星の名前七不思議

Q1 衛星とはどのような天体か。

① 恒星のまわりを回る天体

② 惑星のまわりを回る天体

③ 銀河と銀河の間で孤立している天体

④ 連星のうち小さい方の天体

Q2 次の天体の中で、自ら光っているものを選べ。

① 惑星

② 衛星

③ 恒星

④ 小惑星

Q3 次のうち、惑星の特徴を示す文はどれか。

① 高温で巨大なガス球で自ら輝いている天体

② 太陽のまわりを回っている比較的大きな天体

③ 地球のまわりを回っている岩石でできた天体

④ 太陽のまわりを回っている氷でできた地球より小さな天体

Q4 中国由来の呼び方で、月のことを何というか。

① 太白（たいはく）
② 太陰（たいいん）
③ 太極（たいきょく）
④ 太衝（たいしょう）

Q5 ローマ神話に登場するある天体の神を「ルナ」といっている。次のうち、「ルナ」と違う天体の神の名前はどれか。

① セレーネ
② アルテミス
③ ガイア
④ ツクヨミ

Q6 古代ギリシャ語でヘリオス、ラテン語でソルと呼ばれる天体はどれか。

① 太陽
② 月
③ 金星
④ 地球

② 惑星のまわりを回る天体

太陽などの自ら光り輝く天体を恒星といい、地球などのように恒星のまわりを回る天体を惑星という。さらに、月などのように惑星のまわりを回る天体を衛星という。また、準惑星や小惑星のまわりを回る天体も発見されており、これらも衛星と呼ぶ。

③ 恒星

恒星とは自ら光っている天体で、夜空に星座を形づくる星。その正体は高温の巨大なガス球であり、太陽も恒星である。他の惑星、衛星、小惑星は自ら光らず、恒星の光を受けて光る天体である。太陽という恒星をめぐる惑星、準惑星、小惑星などと、これらをさらにめぐる衛星は、いずれも太陽の光に照らされて光っている。

② 太陽のまわりを回っている比較的大きな天体

①は恒星、③は月（衛星）、④は太陽系外縁天体や彗星のこと。
惑星は自ら光っているわけではなく、太陽のまわりを回っているために、太陽の光を反射して輝いて見える。

② 太陰

太陽・太陰は中国古来の呼び方で、太陰は月のことである。太白は金星、太極は中国の宇宙観で天地陰陽が分かれる前の宇宙の根源、太衝は陰暦9月をそれぞれ指す。ちなみに、人の体に「太衝」と呼ばれる経穴（ツボ）があるが陰暦9月とは関係がない。

第14回正答率91.7%

③ ガイア

ローマ神話の月の女神が「ルナ」であり、セレーネはギリシャ神話の月の女神である。アルテミスもギリシャ神話では、オリオンの恋人であり月の女神や狩りの女神として登場する。ガイアはギリシャ神話の大地の神である。ツクヨミは日本神話に登場する月の神で、『古事記』では月読命（ツクヨミノミコト）、『日本書紀』では月夜見尊（つきよみのみこと）とされている。

第13回正答率63.6%

① 太陽

ヘリオスはギリシャ神話の太陽神で、ソルはローマ神話の太陽神である。ちなみに、ヘリオスは元素のヘリウムの語源、ソルは英語のsolar（太陽の）の語源となっている。

第13回正答率87.4%

Q7 「地球」という言葉を最初に使ったのはだれか。

① 麻田剛立（あさだごうりゅう）

② 渋川春海（しぶかわはるみ）

③ マテオリッチ

④ 本木良永（もときりょうえい）

Q8 次の組み合わせで間違（まちが）っているのはどれか。

① 金－黄龍（おうりゅう）

② 水－玄武（げんぶ）

③ 木－青龍（せいりゅう）

④ 火－朱雀（すざく）

Q9 古代中国（こだい）で五惑星（ごわくせい）とは、熒惑、歳星（さいせい）、辰星（しんせい）、太白（たいはく）、填星（てんせい）をいう。次のうち、この五惑星と現在（げんざい）の日本での呼（よ）び名の組み合わせが正しいものはどれか。

① 歳星＝水星

② 辰星＝金星

③ 太白＝木星

④ 填星＝土星

古代中国の五行思想に基づいて名づけられた、「どっしりと動かない」という意味の惑星はどれか。

① 木星

② 土星

③ 天王星

④ 金星

海王星を表す惑星記号はどれか。

英語で火星を意味する Mars に対応するギリシャ神話の神はどれか。

① 伝令神ヘルメス

② 戦いの女神アテナ

③ 記憶の神ムネモシュネ

④ 軍神アレス

13

③ マテオリッチ

麻田剛立と渋川春海は江戸時代に天文暦学の分野において多大な功績を残した人物である。本木良永は江戸時代に活躍した通訳で「惑星」という言葉を訳出したとされる。「地球」はイエズス会宣教師のマテオリッチが世界地図「坤輿万国全図」において、初めて漢語に訳したものである。

第 11 回正答率 8.6%

① 金－黄龍

五行思想などの考えでは都の周囲は四神（四聖獣）が守っており、東の青龍（木）、北の玄武（水）、西の白虎（金）、そして南の朱雀（火）とされる。それらの上位に位置するのが中央の黄龍・麒麟（土）となる。

④ 填星＝土星

辰星＝水星、太白＝金星、熒惑＝火星、歳星＝木星、填星＝土星である。例えば、熒惑は、火星が光度の変化や逆行がはなはだしいので、その大接近は災いの前兆として付けられたとされる。また、歳星は、木星が黄道上を約12年周期で移動しているので、木星の位置による紀年法が用いられたことからその名が付いたとされる。ちなみに宮城県仙台市には太白山という山があり、「太白（金星）が落ちてできた山」という伝承に基づいて名づけられた。仙台市が政令指定都市に指定された際には、太白区が設けられた。

第 16 回正答率 69.0%

② 土星

古代中国の五行思想は、万物は「木、火、土、金、水」からできていると考えた。水星はすばやく動くので水の名を、金星はキラキラ輝くようすを金属（金）にたとえ、火星はその色から火を、土星はどっしりと動かないとの意味で土を、木星には残りの木をあてはめた。

第15回正答率 57.7%

 ④

海王星の惑星記号は、海神ポセイドンがもつ三叉の戟に由来する。①は大神ゼウスの雷をかたどった木星、②は雌（人では女性）の記号でもある金星、③は雄（人では男性）の記号でもある火星の惑星記号。

 ④ 軍神アレス

英語のMars（マーズ）は、ローマ時代の公用語であるラテン語では軍神MARS（マルス）であり、古代ギリシャ語では軍神APHΣ（アレス）に対応する。火星の赤い色から、古代ギリシャでは血の色を想像し軍神の名がついたが、古代中国では火をイメージして火星となった。

第16回正答率 63.4%

1984 年に小松左 京 原作の映画『さよならジュピター』が公開された。このジュピター（Jupiter）はどれか。

① 金星

② 火星

③ 木星

④ 土星

 惑星記号の組み合わせとして正しいものはどれか。

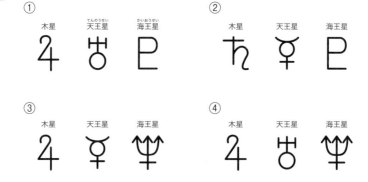

① 天王星、海王星、冥王星の名前の由来として正しい組み合わせはどれか。

① 天王星―ウラノス、海王星―クロノス、冥王星―プルート

② 天王星―ミネルバ、海王星―クロノス、冥王星―サターン

③ 天王星―ミネルバ、海王星―ネプチューン、冥王星―サターン

④ 天王星―ウラノス、海王星―ネプチューン、冥王星―プルート

Q 16 水星、金星、火星の惑星記号をこの順に並べたものはどれか。

①
♂ － ♀ － ☿

②
♀ － ⊕ － ♂

③
♄ － ♂ － ☿

④
☿ － ♀ － ♂

Q 17 ウラノスとは、次のうちどの惑星のことか。

① 土星
② 天王星
③ 海王星
④ 金星

Q 18 バイエル符号でα Virと表される恒星はどれか。

① カノープス
② スピカ
③ ベテルギウス
④ ポラリス

17

③ 木星

英語表記で金星はビーナス（Venus）、火星はマーズ（Mars）、木星はジュピター（Jupiter）、土星はサターン（Saturn）である。ちなみに映画『さよならジュピター』は、当初木星を第2の太陽にしてエネルギー問題を解決しようとしていたが、その調査過程でマイクロブラックホールが太陽に衝突しつつあることがわかり、ブラックホールの軌道を変えるために木星を破壊しようとする話である。 第13回正答率90.9%

A
14
④

木星の惑星記号は、数字の4のような形をしているが、大神ゼウスの放った雷を図案化したものらしい。天王星の記号は、天王星を発見したウィリアム・ハーシェルの頭文字のHを図案化している。海王星の記号は、ギリシャ神話の海の神ポセイドンがもつ三叉の戟に由来している。 ちなみに、♀は水星で伝令神ヘルメスのもつ2匹の蛇がからみ合った杖を象っている。♇は冥王星（Pluto）でPとLのモノグラム。♄は土星で、農耕神サトゥルヌスの持ち物である鎌に由来する。5番目の惑星なので数字の5を図案化したものともいわれる。

④ 天王星―ウラノス、海王星―ネプチューン、冥王星―プルート

天王星、海王星、冥王星はそれぞれ、ローマ神話の天の神、海の神、冥界の神の名前が由来となっている。ミネルバはローマ神話の戦争と知恵の神、クロノスはギリシャ神話の時の神でローマ神話だとサターン（土星）。

④

太陽、月、五惑星（ごわくせい）は私たちにとって一番身近な天体であるが、それぞれには記号が付けられている。水星の惑星記号は、女性記号の上に2本の角が生えたような形。伝令神（しんれい）ヘルメスのもつ2匹（ひき）の蛇（へび）が絡（から）み合った杖（つえ）を象（かたど）っている。金星の惑星記号は、丸の下に十字を描（えが）いた記号。惑星名の略記体（りゃっきたい）が変化したという説がある。女性を表す記号としても使われる。火星の惑星記号は、丸の上に矢印（やじるし）を描いた記号。惑星名の略記体が変化したという説がある。男性を表す記号としても使われる。天文学（てんもんがく）で使われることが多い記号は太陽⊙で、例えば$M_⊙$で太陽質量を示したりする。月や五惑星の記号を使う場面はそうないかもしれない。

第16回正答率91.3%

② 天王星（てんのうせい）

1781年に発見された天王星は、天空神ウラノスの名前が与えられた。土星はサターン、海王星（かいおうせい）はネプチューン、金星はビーナス。このように神々から名前をもらった天体は多い。ほかに水星はマーキュリー、火星はマーズ、木星はジュピター。

第14回正答率80.2%

② スピカ

星座（せいざ）の名前と明るさを示すギリシャ語のアルファベットを組み合わせた恒星（こうせい）の命名法をバイエル符号（ふごう）という。Virはおとめ座の略号（りゃくごう）でα（アルファ）はその星座で一番明るい恒星を指すので、②のスピカが正答である。①カノープスはりゅうこつ座α星（α Car）、③ベテルギウスはオリオン座α星（α Ori）、④ポラリスはこぐま座α星（α UMi）である。

第16回正答率32.8%

Q 19

シリウスならば、おおいぬ座 α 星（省略形は、α CMa）のように、星の名は星座の名前とギリシャ語のアルファベットの組み合わせで表す方法がある。ギリシャ語のアルファベットの順は一般に何を表すか。

① 星が発見された順
② 太陽からの距離が近い順
③ 星の明るい順
④ 色の順（赤→ 橙 →黄→緑→青→藍→ 紫 ）

Q 20

日本で赤星と呼ばれていたのはどれか。

① 火星
② アークトゥルス
③ アンタレス
④ アルデバラン

Q 21

星の名にはアルがつくものが少なくない。このアルがつく星の名前は何語に由来するか。

① ラテン語
② アラビア語
③ サンスクリット語
④ ギリシャ語

「焼き焦がすもの」を意味するギリシャ語に由来する星はどれか。

① カノープス

② シリウス

③ スピカ

④ アンタレス

南極老人星と呼ばれる星はどれか。

① アクルックス（みなみじゅうじ座）

② カノープス（りゅうこつ座）

③ ピーコック（くじゃく座）

④ フォーマルハウト（みなみのうお座）

アラビア語で「後に続くもの」という意味の名前がついた星はどれか。

① アンタレス

② アルデバラン

③ アルタイル

④ アケルナル

A 19 ③ 星の明るい順

星座の名前とギリシャ語のアルファベットを組み合わせた恒星の命名法をバイエル符号といい、1603年にドイツの法律家バイエルが発表した。明るさを示すギリシャ語のアルファベットは、星座の中で一番明るい星から順に、α、β、γ…とつけていく。ただし、バイエルの時代は、星の明るさが1等から6等の6段階で分類されていたため、同じ1等星の中でα星より明るい星がβ星やγ星とされていることもある。おおぐま座の北斗七星の部分は2等星と考えられていたので、明るさにかかわらず端から順にα、βとつけられている。他も今から見ると不思議な表記になって部分もあるが、長らく広く使われてきていたので、表記として定着している。

A 20 ③ アンタレス

アンタレスは日本各地で赤星と呼ばれていた。また、群馬県利根地方では南の赤星、山口県や九州では酒酔い星や酒売り星と呼ばれていた。多くの地域で見た目の色から名前が付けられていた。

第15回正答率 55.1%

A 21 ② アラビア語

"アル"はアラビア語の定冠詞（英語のthe）にあたる。"アル"がつく星の名としてはアルタイルやアルデバラン、アルゴルなどがある。また他にも、アルコール、アルジェブラ（代数学）、アルケミー（化学）、アルカリなど、アルがつく科学用語は多い。アルマゲスト（最大の書、原著名では、大数学大全）や、アルハンブラ（地名や宮殿）など、一般用語にも多い。

第16回正答率 52.6%

② シリウス

全天で一番明るいおおいぬ座のシリウスは、ギリシャ語で「焼き焦がすもの」という意味の「セイリオス」に由来する。英語では「Dog Star」、中国語ではオオカミの目にたとえて「天狼」、和名では「青星」などとも呼ばれる。

 ② カノープス（りゅうこつ座）

日本や中国などからは高度が低く見えにくいことから、カノープスを見たら長寿になるという伝説も生まれた。なお、約1万2000年後には、地球の歳差運動（地軸のみそすり運動）のため、本当に「南極星」（天の南極にあるという意味で）になる。

 ② アルデバラン

おうし座の1等星「アルデバラン」はアラビア語で「後に続くもの」という意味である。プレアデス星団（すばる）の後から昇りその後を追うかのように天空を移動するのでそう呼ばれた。日本でも青森・岩手・新潟などでアルデバランのことを、後星や統星の後星と呼んでいる。

第14回正答率 75.0%

Q 25 カノープスの意味（起源(きげん)）はどれか。

① アラビア語で落ちる鷲(わし)

② ギリシャ語で水先案内人(みずさきあんないにん)の名前

③ ギリシャ語で焼き焦(こ)がすもの

④ アラビア語で飛ぶ鷲

Q 26 次の和名が示す星のうち、北辰(ほくしん)とも呼(よ)ばれるのはどれか。

① 麦星(むぎぼし)

② 酒酔(さけよ)い星(ぼし)

③ 彦星(ひこぼし)

④ 子(ね)の星

Q 27 次の和名が示す星のうち、オリオン座(ざ)に含(ふく)まれないものはどれか。

① 三ツ星(みつぼし)

② 源氏星(げんじほし)

③ 鼓星(つづみぼし)

④ 碇星(いかりぼし)

Q 28 「宇宙」という言葉が表す意味として、正しいものは次のうちどれか。

① 空間と時間　　② 過去と未来

③ 北と南　　④ 人と神

Q 29 次の図のA地点で観測される現象はどれか。

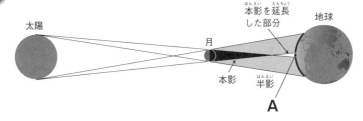

① 皆既日食　　② 皆既月食
③ 金環日食　　④ 金環月食

Q 30 以下の図は太陽の写真だが、矢印で示されたほぼ円に近い黒い丸は、数時間かけて、太陽面を東から西に移動していった。この黒い丸は何か。

① 未知の太陽面現象
② 大きな黒点
③ 彗星のシルエット
④ 金星のシルエット

② ギリシャ語で水先案内人の名前

カノープスはりゅうこつ座の1等星。カノープスはギリシャ神話で冒険の旅に出る船（アルゴ号）の水先案内人の名前であると説明されることもあるが、正しくは別のギリシャ神話のトロイ戦争で活躍した将軍メネラウスが率いる船団の水先案内人の名前とされている。アラビア語で落ちる鷲はベガのこと。ギリシャ語で焼き焦がすものはシリウスのことである。アラビア語で飛ぶ鷲はアルタイルのこと。　第15回正答率 82.6%

④ 子の星

北辰は北極星の呼び名である。日本では、夜空を仰いで唯一動かない星である北極星に対して、十二支の方角の「子」を当てて、子の星とも呼ばれた。したがって正答は④である。なお、麦星はうしかい座 α 星アークトゥルスの和名。酒酔い星はさそり座α星アンタレスの和名。彦星はわし座α星アルタイルの和名である。

④ 碇星

碇星は、カシオペヤ座の和名。船が流されないように、綱や鎖で結んで水底に沈めておくいかりに見立てたといわれる。①三ツ星はオリオンのベルトにあたる三つ星を指す和名。②源氏星はリゲルの和名。③鼓星はオリオン座を鼓に見立てて呼ばれたもの。

A28 ① 空間と時間

中国の前漢時代の論集『淮南子』によると、「往古来今謂之宙、四方上下謂之宇」と書かれており、読み下すと「過ぎたる日と来たる今を宙といい、四方と上下を宇という」となり、宇は空間を、宙は時間を表している。

余談だが、昨今では、「宙」「宇宙」を「そら」と読ませる文や広告などをよくみかける。『淮南子』に準じれば、当て字で「宇」を「そら」と呼ばせるべきかもしれないが、ただ日本語として「宙」を辞書で調べると「そら、おおぞら、地面から離れたところ」と意味がでてくることと、また地面から離れた空間を表す語として、古くから「宙」が使われてきたことから、「宙」「宇宙」を「そら」と読むことが広がったようである。

第 15 回正答率 94.0%

A29 ③ 金環日食

太陽と地球の間に月が入って、太陽を隠してしまう現象が日食である。日食の中でも月が太陽を全て隠すものを皆既日食、太陽の縁がリング状に残るものを金環日食と呼んでいる。これは地球と月との距離の違いによって生じる。図は本影が地球に到達する前に反転しているので、金環日食である。なお、金環月食という現象はない。

第 14 回正答率 62.0%

A30 ④ 金星のシルエット

この写真は2012年に起こった金星の太陽面通過（日面通過）のときのもので、黒丸は光る太陽面を背景にした金星のシルエットである。ちなみに、この写真は専門の望遠鏡などではなく、市販のデジタルカメラと望遠レンズ（キットのもの）に減光フィルタを装着した機材で撮影した。今のデジタル機器は性能がよいので、素人でもこの程度の写真が撮れる。

第 13 回正答率 80.3%

2章

星座は誰が決めたのか

Q1 星座を形づくる星は以下のどれか。

① 惑星
② 恒星
③ 衛星
④ 彗星

Q2 ある地域の古い神話は、現在の星座のモチーフとなったものも多い。
その神話はどれか。

① 中国神話
② 日本神話
③ ギリシャ神話
④ ノルウェー神話

Q3 次の天体の中で、名の由来であるギリシャ神話の神が互いに兄弟ではないものはどれか。

① 木星
② 天王星
③ 海王星
④ 冥王星

Q4

星座の正式名称は何語か。

① アラビア語　　　② サンスクリット語

③ ギリシャ語　　　④ ラテン語

Q5

図のような世界樹によって世界が支えられているとされる宇宙観は、
どの神話のものか。

① バビロニア神話

② エジプト神話

③ 中国神話

④ 北欧神話

Q6

多くの創世神話では、世界の最初は混沌とした状態であったとされて
いる。その中でも卵のような形であったとしている神話はどれか。

① バビロニア神話

② エジプト神話

③ 中国神話

④ 日本神話

② 恒星

恒星（太陽は除く）は太陽系の外にある天体で遠くにあるため、その位置関係はほとんど変わらない（厳密には変化しているが、何万年という長期間で見た場合に変化がわかる程度）。惑星、衛星、彗星は太陽系内の天体で、短期間で動きを実感できる。

③ ギリシャ神話

現在の88星座のうち、半数あまりはギリシャ神話などを参考につくられた星座。残りのうち、天の南極を中心とした星座は大航海時代につくられたものが多く、南方の生物から、きょしちょう座やくじゃく座がつくられた。また、当時の先端技術からつけられた星座として、けんびきょう座やとけい座がある。

② 天王星

ギリシャ神話では、木星は大神ゼウス、天王星は天空の神ウラノス、海王星は海洋の神ポセイドン、冥王星は冥界の神ハデスに由来する。ゼウス、ポセイドン、ハデスの父親がクロノス（土星にあたる）で、この3人は兄弟である。クロノスの父親がウラノスであるので、ウラノスはゼウスらの祖父にあたる。 第14回正答率19.8%

A4 ④ ラテン語

学術的な正式名称として、星座だけでなく、自然界に存在する事物の正式名称はラテン語で表すのが慣習である。なお、日本語表記はカタカナで表す。例えば、サクラ、ヒトなどである。星座の場合は、日本語表記はひらがなかカタカナで表すことになっている。オリオン座、おおぐま座などである。

A5 ④ 北欧神話

北欧神話では、この世は9つの世界があって、それらが世界樹イグドラシルとつながっているとされる。ただ、この9つがはっきりとしておらず、アース神族の国・ヴァン神族の国・妖精の国・人間の国・巨人の国・小人の国・黒い妖精の国・霧の国・炎の国・死者の国があるとされる。

第 14 回正答率 70.7%

A6 ③ 中国神話

バビロニア神話では、混沌の中から神々が現れ戦いの結果、天と地を分かち人間を作ったとされておりメソポタミア文明が元になっているともされている。エジプト神話では、最初「ヌン」なる水だけがあったとされている。ナイル川の流域で栄えた文明であり、ナイル川の水が「ヌン」であったとも考えられている。中国神話では、混沌は卵のような形とされた。日本神話は『古事記』や『日本書記』などから読み進めることができ、混沌とした中から澄んだものが上方にのぼり大空となったとされている。

第 13 回正答率 23.2%

2章

星座は誰が決めたのか

Q7 次のうち、日本で南中したときの高度が最も低いものはどれか。

① カペラ   ② ベテルギウス

③ プロキオン   ④ シリウス

Q8 図は天の南極を中心とした星座図だが、A の星の名は何か。

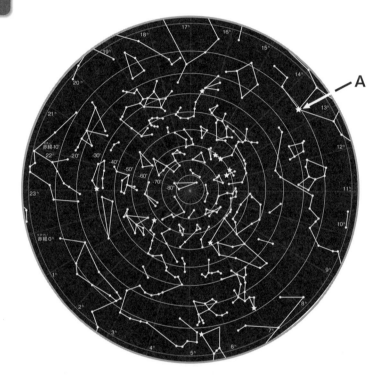

① スピカ   ② アンタレス

③ カノープス   ④ フォーマルハウト

次の星座のうちで、1等星を含まない星座はどれか。

① かに座　　　　　② しし座

③ わし座　　　　　④ おうし座

次の4つの中で、全天88星座の星座名になっているものはどれか。

① こいぬ座　　　　② こうさぎ座

③ こうし座　　　　④ こひつじ座

Q11

夏の大三角を構成する図のAの星は何か。

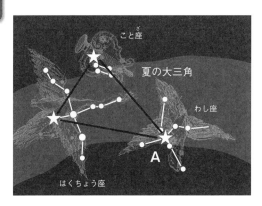

① アークトゥルス　② アルデバラン

③ アルタイル　　　④ アクルックス

星座は誰が決めたのか

④ シリウス

<ruby>南<rt>なん</rt></ruby><ruby>中<rt>ちゅう</rt></ruby>高度は、天体の<ruby>赤緯<rt>せきい</rt></ruby>の値で決まり、値の小さいものほど南中高度は低くなる。これらの星の赤緯はおよそ、カペラ+46°、ベテルギウス+7°、プロキオン+5°、シリウス-16°である。よって④が正答となる。これらの1等星は冬の空で冬の大三角や冬のダイヤモンドを形づくる星々で、カペラは高くシリウスは一番低く見えることは<ruby>記<rt>き</rt></ruby><ruby>憶<rt>おく</rt></ruby>にあるだろう。とすると、この中で選ぶとすればシリウスとなる。全天21の1等星のうち<ruby>南天<rt>なんてん</rt></ruby>（赤緯がマイナス）にあるものは11個であるが、日本からはかなり見ることができる。どのようなものがあるか調べてみよう。　第16回正答率 44.3%

① スピカ

Aはおとめ<ruby>座<rt>ざ</rt></ruby>のスピカ。夏の星座のアンタレス、カノープス、フォーマルハウトなどは南寄りの星だが、春の星座スピカ（おとめ座）も思いの外に南よりにある。

① かに座

全天には21個の1等星がある。②しし座はレグルス、③わし座はアルタイル、④おうし座はアルデバランという1等星があるが、かに座は4等星より暗い星からなり1等星はない。ちなみに、2等星は67個ある。　第15回正答率71.7%

① こいぬ座

小さいという意味合いの「こ」をもつ星座名は、こいぬ座（CMi）、こうま座（Equ）、こぎつね座（Vul）、こぐま座（UMi）、こじし座（LMi）の5つ。ここでMi（Minor）が小さいという意味で、逆に大きいという意味のMa（Maior）をつけると、おおいぬ座（CMa）、おおぐま座（UMa）となる。星座名を必死に覚えることは必ずしも必要ではないが、星はいずれかの星座に所属し、肉眼でよく見える星は、シリウスのような名前のほか、おおいぬ座 α 星のような、星座名＋ギリシャ文字や、α CMaのような星座名＋略号（略符）で、星図や星表に書かれている。そのため星座名はその略符と共に覚えておくと何かと便利である。　第16回正答率89.3%

③ アルタイル

アルタイルはわし座の1等星で、七夕の牽牛星（彦星）として知られる。なお、アークトゥルスはうしかい座、アルデバランはおうし座の1等星である。アクルックスはみなみじゅうじざ座の1等星で、みなみじゅうじ座の十字架の足元に輝く星だが、日本では沖縄など南の方でしか見ることができない。ちなみに、アークトゥルスは春の大曲線（北斗七星の柄の部分ーアークトゥルスースピカ）や春の大三角（アークトゥルスースピカーデネボラ）の一部で、アルデバランは冬のダイヤモンド（シリウスープロキオンーポルックスーカペラーアルデバランーリゲル）の一部である。

Q12 和名が「さそり座」の略号（略符）で正しいものはどれか。

① Ser

② Sco

③ Sct

④ Scp

Q13 以下の星座記号で、うお座の記号はどれか。

①   ②   ③   ④

Q14 次のうち日本語表記したときに、最も文字数が多くなる星座はどれか。

① Sagittarius

② Leo

③ Aquarius

④ Capricornus

Q15 現在の春分点はどの星座にあるか。

① おひつじ座

② おとめ座

③ てんびん座

④ うお座

Q 16　A の位置における地球の季節（節気(せっき)）はいつか。

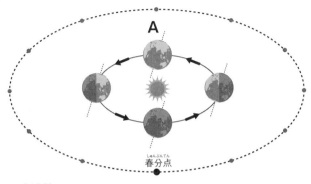

春分点(しゅんぶんてん)

① 春分(しゅんぶん)
② 夏至(げし)
③ 秋分(しゅうぶん)
④ 冬至(とうじ)

Q 17　次のうち、黄道(こうどう)と天の赤道(せきどう)の両方にあるのはどれか。

① 夏至点(げしてん)
② 秋分点(しゅうぶんてん)
③ 冬至点(とうじてん)
④ 天の北極

Q 18　2 世紀頃(ごろ)にプトレマイオスが決め、今の星座の原型となった星座はいくつあるか。

① 12　　　　② 48

③ 88　　　　④ 110

 ② Sco

さそり座はScorpius。① Ser は Serpens へび座。③ Sct はScutum たて座。いずれも日本では夏の夜空に見ることができる。Scpという略号の星座はない。

第 13 回正答率 75.1%

 ③

うお座の記号はリボンでつながれた2匹の魚を表している。①はかに座の記号で蟹の甲羅、②はみずがめ座の記号で波打つ水（波紋）、④はやぎ座の記号でギリシャ神話で変身に失敗し頭がヤギ、しっぽが魚になった牧神パンをそれぞれ表していると言われている。

第 14 回正答率 58.6%

 ③ Aquarius

日本語表記をすると、Sagitariusはいて座、Leoはしし座、Aquariusはみずがめ座、Capricornusはやぎ座であるので③が正答。いずれも黄道十二星座に含まれている星座である。なお、日本語では学名はひらがな（カタカナ）で表すのが基本であるので、星座を漢字で表記するのは勧めない。

第 15 回正答率 50.0%

 ④ うお座

地球の自転軸の方向は約2万6000年の周期で少しずつ変化する。これは、地球の自転軸がコマのように歳差運動しているために起こるもの。そのため天の赤道も動き、天の赤道と黄道の交点である現在の春分点は、黄道十二星座ができた時代の位置おひつじ座から星座1つ分ほど移動している。秋分点はてんびん座にあったが、現在はおとめ座にある。

① 春分

春分点（うお座）の方向に地球があるときが春分ではなく、太陽が春分点方向に位置するときが春分である。

第13回正答率 71.8%

② 秋分点

黄道は天球上の太陽の通り道であり、地球の赤道を天球に映したものが天の赤道である。黄道は天の赤道に対して23.4°傾いており、両者は天球上の2カ所で交わる。1つは太陽が赤道を南から北に横切る春分点、もう1つは北から南に横切る秋分点である。つまり春分点と秋分点は黄道と赤道の両方にある。

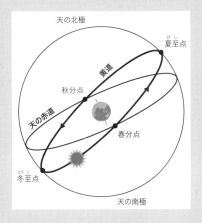

② 48

いろいろな時代に世界各地で作られていた星座を、古代ギリシャ時代にヒッパルコスがまとめ、その後2世紀頃にプトレマイオスが48星座に整理した。また、大航海時代（15世紀）に南半球の星座が作られ、最終的に20世紀に入って国際天文学連合が現在の全天88星座を決定した。

第15回正答率 53.0%

Q 19 国際天文学連合（IAU）が星座を整理し、現在の使われている星座の数を 88 個と定めたが、IAU で定めていない内容はどれか。

① 星座名（学名）
② 星座の境界線
③ 星座線
④ 星座の略号

Q 20 次の星座のうち、現在定められている星座にはないものはどれか。

① じょうぎ座
② しぶんぎ座
③ コンパス座
④ はちぶんぎ座

Q 21 現在のほ座・とも座・りゅうこつ座に分割される前にあった星座はどれか。

① アルゴ座
② アンティノウス座
③ ケルベルス座
④ モモンガ座

次の星座線で描かれた星座のうち北斗七星のある星座はどれか。

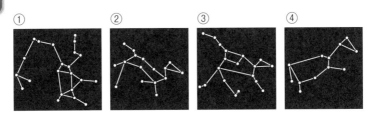

① ② ③ ④

次の図で、黄道十二星座の星座名と星座記号が正しい組み合わせのものはどれか。

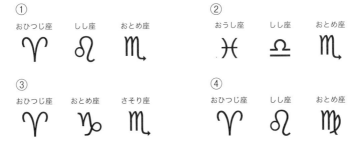

①
おひつじ座　しし座　おとめ座

②
おうし座　しし座　おとめ座

③
おひつじ座　おとめ座　さそり座

④
おひつじ座　しし座　おとめ座

星の天球上の位置を決める座標系のうち、多くの座標系は星とともに日周運動をするが、次のうち日周運動をしない座標系はどれか。

① 地平座標
② 赤道座標
③ 黄道座標
④ 銀河座標

A 19 ③ 星座線

IAUは1922年にそれまで地域でバラバラだった星座を整理し、星座の数と名称（学名、略号）を定めた。その後、1928年に星が星座を重複しないように星座と星座の境界も定めた。なお、星座線や星座絵は定めていないので、どのように星と星をつないでも構わない。

第14回正答率 40.4%

A 20 ② しぶんぎ座

しぶんぎ座の「しぶんぎ」とは天体観測に用いた四分儀に由来する。18世紀につくられた星座だが、現在の全天88星座にはない。しぶんぎ座の一部はりゅう座の領域になっている。毎年1月初旬にみられる「しぶんぎ座流星群」は放射点がしぶんぎ座にあったことから、いまもその名で呼ばれている。

A 21 ① アルゴ座

アルゴ座は現在用いられなくなった南天の巨大な星座で、現在はほ座・とも座・りゅうこつ座に分割されている。ちなみに、アンティノウス座は現在のわし座の一部、ケルベルス座は現在のヘルクレス座の一部、モモンガ座は現在のきりん座の一部であった。

A 22 ③

北斗七星があるのはおおぐま座。おおぐま座は③。おおぐまの背中からしっぽにかけ
ての星の並びが北斗七星だ。①は「いて座」で南斗六星がある。②は「おおいぬ座」、
④は「おおかみ座」。

A 23 ④

おひつじ座　　しし座　　おとめ座

おひつじ座の星座記号はYの字に似た形で、羊の2本の角を表し、春分点を表す記
号としていまも使われている。おとめ座はmの字に似た形をしているが、耕作された土
地を表すとも、乙女の髪を表すともいわれている。さそり座と似ているが、さそり座の
ほうはmに毒針の尾がついている。しし座の星座記号はライオンのしっぽを表すとい
われている。

A 24 ① 地平座標

赤道座標は天の赤道と春分点を、黄道座標は黄道と春分点を、銀河座標は銀河面と
銀河中心を基準とした座標系であり、地球の自転によって座標系そのものも恒星とと
もに日周運動をする。これに対して、地平座標は地球の地表面と真南方向を基準に
したものであるので、地上に固定されており、日周運動はしない。したがって①が正答
となる。

第14回正答率 17.2%

2章

星座は誰が決めたのか

地平座標で、重力の方向を何というか。

① 天底
② 天下
③ 天頂
④ 天上

次の説明は天球の座標でどこのことを指し示しているか。
「黄道と天の赤道が交わる点のうち、太陽が南から北へ横切る点」

① 春分点

② 南点

③ 秋分点

④ 北点

平均太陽日と恒星日は、1日につき、何分の違いがあるか。

① 平均太陽日が恒星日より約1分短い

② 平均太陽日が恒星日より約4分短い

③ 平均太陽日が恒星日より約1分長い

④ 平均太陽日が恒星日より約4分長い

Q 28

正午の太陽が真南からずれていることがある理由として、次の中で最も影響の大きなものはどれか。

① 時期によって地球の自転速度が変わるため
② 時期によって地球の公転速度が変わるため
③ 月の重力のため
④ 木星の重力のため

Q 29

図は次のどの天球座標を図示したものか。

① 青道座標
② 赤道座標
③ 黄道座標
④ 白道座標

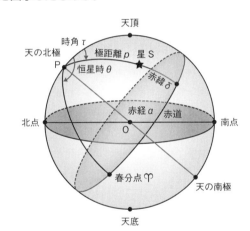

Q 30

太陽の日周運動を基にした時刻システムを太陽時といい、日常生活では一定の動きをする仮想的な太陽で考えた平均太陽時を用いる。では、実際の太陽の運動を用いた時刻を何というか。

① 真太陽時
② 本太陽時
③ 実太陽時
④ 正太陽時

 ① 天底

地平座標では鉛直方向の基準として観測地点での重力の方向を用いる。重力の方向を天底、その反対を天頂とし、この2つの点を通る大円を垂直圏とする。これに垂直かつ観測地点を通る大円を地平面とし、高度の基準とする。

 ① 春分点

天球上で太陽の通り道である黄道と天の赤道が交わる点は2カ所ある。太陽が南から北へ横切る点を春分点といい、北から南へ横切る点を秋分点という。北点、南点は、天頂と天の両極を通る大円を子午圏（子午線）と呼び、その子午圏が地平面と交わる点を、北点、南点としている。

 ④ 平均太陽日が恒星日より約4分長い

太陽の方向に対して地球が1回自転する時間が太陽日で、遠方の恒星に対して地球が1回自転する時間が恒星日である。地球の公転運動のために、遠方の恒星に対して1回自転した後に、太陽の方向に向くためには、地球はもう少し自転する必要がある。そのため、（平均）太陽日の方が恒星日より少し長くなる。その長さは約4分となる。

A 28 ② 時期によって地球の公転速度が変わるため

太陽時では、「太陽が真南にきたときの時刻」を正午とするが、実際は地球の公転速度が一定でないことと、地球の自転軸が地球の公転面に対して傾いていることから、正午から正午までの時間間隔は一定にはならない。そのため日常生活では天の赤道上を一定の速度で移動する仮想的な平均太陽による時刻を用いる。　第 13 回正答率 36.0%

A 29 ② 赤道座標

図は地球の赤道面に準拠して、赤経 α と赤緯 δ で表示する赤道座標である。天球座標には、ほかにも、地球の地平面に準拠した地平座標、地球の軌道面に準拠した黄道座標、そして銀河面に準拠した銀河座標がある。なお、白道（月の軌道）座標や青道座標はとくにない。　第 15 回正答率 66.2%

A 30 ① 真太陽時

実際の太陽の運動を用いた時刻を真太陽時、または視太陽時という。しかし、地球の公転速度が一定でないことと、太陽の赤道座標での時角を時刻の定義に用いるため、実際の太陽の日周運動は一定ではない。つまり、真太陽時では1日の時間間隔が一定にはならない。そのため日常生活では天の赤道上を一定の速度で移動する仮想的な平均太陽を用いて時刻を定めている。なお、②、③、④の呼び名の時刻はない。　第 15 回正答率 33.6%

 2章 星座は誰が決めたのか

3章

空を廻る太陽や星々

Q1 地球の自転の向きとして正しいのはどれか。

① 北から南　　② 南から北
③ 東から西　　④ 西から東

Q2 南半球では夜空の星々は時間が経つにつれ、どちらの方角へと動いていくか (周 極 星は考えないものとする)。

① 東から西　　② 西から東
③ 北から南　　④ 南から北

Q3 次の画像は大分市で撮影された太陽の動きがわかるように写した写真だが、太陽が昇るときか沈むときか。

©大分市、川田政昭

① 太陽が東から昇るとき
② 太陽が西に沈むとき
③ 昇るときも沈むときもほぼ同じ道筋になるのでどちらかわからない
④ 季節によって違うのでわからない

52

Q4　夜空に見える星々は、一晩のうちに少しずつ位置を変え、次の日の同時刻にはほぼ同じ場所に見える。これは何が原因か。

① 地軸の歳差運動
② 地軸の傾き
③ 地球の自転
④ 月の公転

Q5　地球は、北極の方向から見ると反時計回りに回転している。この回転運動と無関係な現象は、次のうちどれか。

① 太陽が東から昇って、西に沈むこと
② 月が東から昇って、西に沈むこと
③ 月の見かけの形が毎日変化すること
④ 北の空の星が北極星を中心に反時計回りに動くこと

Q6　次のうち、地球の自転軸（地軸）の傾きと関わりが深いものはどれか。

① 日食
② 月食
③ 南中
④ 白夜

④ 西から東

地上から見ていると太陽は東から西へと向かって見えるが、これは地球自体が西から東と動いているため。地球は宇宙空間の中で北極の方向を見下ろすと反時計回りに回転している。地球の自転によって太陽や月、星が東から西へと動いているように見える運動を日周運動という。

 ① 東から西

太陽も月も星も東から昇り西へと沈んでいく。これは地球が自転しているために起きる見かけの動きで、日周運動という。地球上ではどこでも自転の向きは同じなので、場所によって星の動いていく方角に違いはない。 第14回正答率78.3%

 ② 太陽が西に沈むとき

太陽の動き方(日周運動)は、地球上の緯度によって異なる。北半球にある日本では、太陽が昇るときは右上方(南方向)に向かって昇り、沈むときは左上方(南方向)から右下方へ向かって沈む。問題の画像は太陽の動きが左上から右下に写っている。これは太陽が西に沈むときのものであることがわかり、③が正答となる。なお、赤道の場合は垂直方向に昇り・沈むので、ほぼ同じ道筋になるので、写真だけではどちらか判断できなくなる。 第15回正答率81.5%

③ 地球の自転

地球が1日に1回転、西から東の向きに自転しているために、夜空の星々は東から西へ（北の空では、北極星を中心に反時計回りに）動いて見える。1日たって星々がほぼ同じ場所に見えるのは地球の自転のためだ。

③ 月の見かけの形が毎日変化すること

問題の回転は、地球の自転であり、自転によって引き起こされるのは、太陽や月、星が毎日東から昇って西に沈むこと。北の空の星が北極星を中心に反時計回りに動くことである。しかし、月の満ち欠けは太陽と地球と月の位置関係により起こる現象で自転とは無関係である。

④ 白夜

白夜は真夜中になっても空が暗くならない現象。地球の自転軸が23.4度傾いているNaNためで、北半球では夏至の前後（南半球では冬至の前後）に、1日中太陽が沈まない地域（北半球では北緯67度より北の北極寄り。南半球では南緯67度より南の南極寄り）がある。南中は地球の自転、日食と月食は地球と月の公転との関わりが深い。ちなみに、「白夜」の本来の読みは「はくや」であるが、昭和40年代にヒットした森繁久彌作詞・作曲の「知床旅情」の歌詞で「びゃくや」とあったのが一般化されたとされている。

第15回正答率 77.9%

Q7

季節によって、太陽の南中高度が変わる原因になるものはどれか。

① 地軸の傾き
② 太陽と地球の距離
③ 地球の自転
④ 太陽の自転

Q8

太陽が地面に対して垂直に沈む場合、太陽の下側が地平線にかかってから、完全に沈むまでにかかる時間はどれぐらいか。太陽の見かけの大きさは約0.5°である。

① 2分
② 4分
③ 6分
④ 8分

Q9

次の図は、日本付近で太陽が西の空に沈むようすを表している。図の角度 A は、何と関係するか。

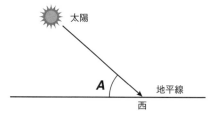

① その土地の緯度
② その土地の経度
③ その土地の標高
④ 地球の自転軸（地軸）の傾き

Q10 北極星が地平線から高度 35°で 輝 いている。今いる緯度は何度か。

① 北緯 35°

② 北緯 45°

③ 北緯 55°

④ 北緯 65°

Q11 下図は日本から見た 春分・夏至・秋分・冬至の日の太陽の動きを表している。次のうち、A、B、Cの正しい組み合わせはどれか。

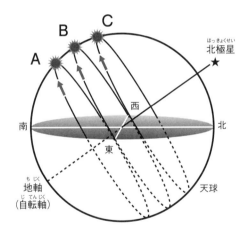

① A：春分　　B：夏至／冬至　　C：秋分

② A：夏至　　B：春分／秋分　　C：冬至

③ A：冬至　　B：春分／秋分　　C：夏至

④ A：冬至　　B：夏至／秋分　　C：春分

3章 空を廻る太陽や星々

57

① 地軸の傾き

北極点と南極点を貫く地軸（地球の自転軸）は地球の公転面に垂直な方向に対して23.4°傾いており、地球は同じ方向に傾いたまま太陽のまわりを公転する。北半球では、夏至の頃には北極点の側が太陽の方を向いていて地面から見ると太陽の光が高いところから当たり、逆に冬至の頃には、南極点の側が太陽の方を向くので地面から見ると太陽の光が低いところから当たることになる。

第16回正答率88.0%

① 2分

24時間で360°なので、1時間（60分）で15°、4分で1°動く（60÷15＝4分／°）。太陽の見かけの大きさはその半分（0.5°）なので、答えは2分である。斜めに沈む場合はこれよりも時間がかかるが、太陽は思ったよりもあっという間に沈んでしまうものだ。なお、大気による屈折は考慮しなくてもよい。太陽の見かけの大きさ程度の範囲では、全体で同じように屈折して見えるからである。

第16回正答率58.5%

① その土地の緯度

日本付近では、太陽の沈む方向と地平線のなす角Aは、90度から土地の緯度を引いた値とほぼ同じになる。赤道付近では太陽は東の地平からほぼ垂直に昇り、頭の上を通って、西の地平へほぼ垂直に沈む。極地方では、太陽の通り道は地平線とほぼ平行になるため、季節によって白夜になったり、一日中太陽が昇らないときがあったりする。

第16回正答率58.8%

① 北緯35°

図を書いて考えてみよう。もし北極点に立っていたら北極星は頭の真上、つまり地平線から90°の高度に見えるはずだ。北極点からどんどん緯度が低くなるにしたがって北極星の高度も低くなっていき、赤道上では地平線ぎりぎりのところ（ほぼ高度0°）にある。実は、北極星が見える高度とその場所の緯度は同じで、北緯35°の場所からは北極星は35°の高度に見えるのだ。

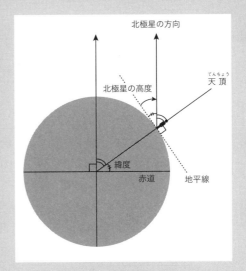

北極星の方向

北極星の高度

天頂

北極星の高度

緯度

赤道

地平線

③ A：冬至　　B：春分／秋分　　C：夏至

太陽の1日の動きは、季節により変化する。夏には真東より北側から昇り、真西より北側に沈むが、冬には真東より南側から昇り、真西より南側に沈む。また、春分、秋分の頃はほぼ真東から昇り、ほぼ真西に沈む。

Q 12
季節によらず、日本で一晩中見えている星はどれか。

① ポラリス　　　　② シリウス

③ レグルス　　　　④ カストル

Q 13
北の空には一晩中見られる星があることを説明する図として、最も適するものを選べ。なお、図は地上から見える空をドーム状と仮定し、観測者はドームの中央にいるとする。球面に描かれた円は地球の自転にともなって動く星々の軌道である。

① 北極星 ★
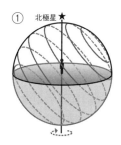

②
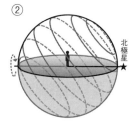
北極星 ★

③ 北極星 ★
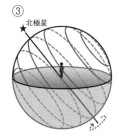

④
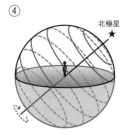
北極星 ★

Q 14
今から1万3500年前に北極星だった星はどれか。

① ポラリス　　　　② トゥバン

③ デネブ　　　　　④ ベガ

Q15 冬の代表的な星座であるオリオン座の一晩の動きを正しく表している
のはどれか。

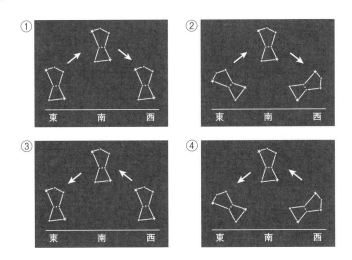

Q16 図は東京の1年間の平均気温の分布である。このように、東京で6
月下旬の夏至より8月の方が平均気温が高い理由はどれか。

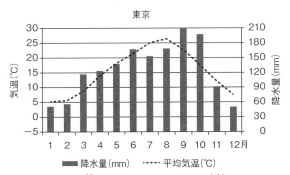

① 海洋が8月頃まで太陽エネルギーを貯え続けるため

② 6月頃は梅雨前線の雲によって太陽光が反射されるため

③ 6月頃は光合成が盛んになり、地球温暖化の原因である二酸化炭素
濃度が減少するため

④ 8月頃は偏西風により赤道の熱い空気が吹き付けるため

① ポラリス

ポラリスは、現在の北極星の固有名。地軸のほぼ延長線上に北極星があるため、北極星はほとんど動かずにいる。なお、地球の歳差運動のために、今から1万3500年ほど前はベガが北極星であり、8200年後にはデネブが北極星となる。 第16回正答率80.1%

④

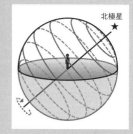

球の下半分は地面の下になるので観測者からは見えていない。球の真ん中を貫くのは地軸（地球の自転軸）で、地軸の延長線上に北極星がある。④の図から、北極星と反対の南の空（図では左側）では星の軌道の上部しか見えていないのに対して、北極星の周囲では円軌道のすべてが見えている（星が一晩中見られる）のがわかる。ある観測地点から見て一日中沈まない星々を周極星と呼ぶ。

④ ベガ

地球は長い年月をかけて地軸の向きを変える歳差運動をしている。その周期はおよそ2万6000年。ちょうどその半分にあたる約1万3500年前は、現在のポラリスから最も遠い場所を向いており、ベガが北極星だった。およそ8200年後にはデネブが北極星になる。 第14回正答率52.3%

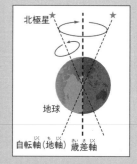

②

地球は地軸のまわりを西から東の向きに自転している
ので、南の空の星座は東から昇って西に沈む。星々
の一晩の動きは地球の自転、すなわち回転運動の結
果であるから、星々も、回転運動するように見える。
したがって②が正答。 第15回正答率91.7%

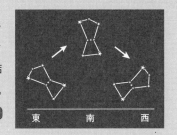

東 南 西

 ① 海洋が8月頃まで太陽エネルギーを貯え続けるため

北半球では、地球の自転軸が最も太陽方向に傾くのが夏至で、平均的には降り注ぐ太
陽光は夏至の日が最も強くなる。地球表面の7割は海なので、太陽光の多くは海に降り
注ぐが、海水は比熱が高く暖められていくだけで、すぐには熱を放射せずに、少し遅れ
て、貯まった熱を放射して、地球の大気を暖めることになる。その結果、北半球が最も
暑いのは8月頃になる。

3章

空を廻る太陽や星々

Q 17　日本での夏至の日について、正しく述べられているのは次のうちどれか。

① 1年の平均最高気温が最も高くなる日
② 太陽が1年で最も北寄りの位置から昇って、北寄りの位置に沈む日
③ 二十四節気のひとつで、一般的に暦の上での夏の始まりを表す日
④ 太陽が南中したときの影の長さが1年で最も長くなる日

Q 18　二十四節気に含まれるものはどれか。

① 節分　　　　　　　② 立冬
③ 寒天　　　　　　　④ 細雪

Q 19　二十四節気の1つである「啓蟄」は、いつ頃になるか。

① 立春と春分の間
② 立夏と夏至の間
③ 立秋と秋分の間
④ 立冬と冬至の間

Q 20　冬至の日、ふたご座はほぼ真夜中（午前0時頃）に南中する。冬至の日に太陽と同じ方向にある星座はどれか。

① うお座　　　　　　② ふたご座
③ おとめ座　　　　　④ いて座

Q 21

日本で次の星座が南中したとき、高度が一番低いものはどれか。

① いて座

② おうし座

③ かに座

④ ふたご座

Q 22

くじら座は、黄道十二星座のひとつであるうお座の隣に位置する星座である。くじら座が夜半に見られるのは、およそいつの季節か。

① 春

② 夏

③ 秋

④ 冬

Q 23

星占い（星座占い）では、誕生日によって自分の誕生星座を決める。その誕生星座と夜空に見られる星座の関係について、正しく述べているのは、次のうちどれか。

① 誕生星座は、誕生日の深夜にほぼ南中する星座と同じである

② 誕生星座は、誕生日の日没時にほぼ南中する星座と同じである

③ 誕生星座は、誕生日の日の出時にほぼ南中する星座と同じである

④ 誕生星座は、誕生日に見ることは難しい

② 太陽が1年で最も北寄りの位置から昇って、北寄りの位置に沈む日

夏至の日の太陽の動きは最も北寄りから昇り、南中高度が最も高く、最も北寄りに沈む。この結果、1年で最も昼間の時間が長くなる。①はおよそ8月頃。③は立夏。④は冬至の日の記述である。

② 立冬

節分は二十四節気には含まれない。寒天は、ところてんやみつ豆などに用いられる海藻を原料とした食品。細雪はこまかな雪を指す言葉。谷崎潤一郎の長編小説のタイトルとして馴染み深いが、二十四節気には含まれない。 第13回正答率85.5%

① 立春と春分の間

二十四節気のうち、春の部分は立春、雨水、啓蟄、春分、晴明、穀雨となる。啓蟄とは、冬籠もりしていた虫（蟄＝虫が土の中に閉じ籠もる意）が、春になって穴を開いて（啓いて）這い出してくるという意味である。 第14回正答率51.8%

④ いて座

冬の夜中にふたご座が南中するということは、太陽の反対側＝夜の方向にある。そこで、その正反対の方向のいて座に太陽が位置している。黄道十二星座の中で最も南に位置し、北半球で見た場合南中高度が低いことからも特定できる。

第15回正答率67.0%

 ① いて座

選択肢はいずれも黄道十二星座（誕生星座）であるので、誕生月の時期の太陽の南中高度と対応していると考えればよい。おうし座、かに座、ふたご座は、太陽の南中高度が高い頃が誕生月となる星座、逆に、いて座は太陽の南中高度が低い頃（冬至の頃）が誕生月となる星座である。

第15回正答率48.7%

 ③ 秋

うお座は秋に見られる代表的な星座のひとつである。また、現在の春分点はうお座にある。つまり春の頃、うお座の方向に太陽があるので、春の夜空にうお座は見られず、見ごろとなるのは秋である。これらのことを覚えておくと、うお座の近くにある星座がいつ頃見やすくなるのか見当がつきやすい。反対に、現在秋分点のあるおとめ座付近の星座は春に見ごろを迎える。

 ④ 誕生星座は、誕生日に見ることは難しい

星占いに使われる星座は、現在使われている星座の位置とは異なるが、生まれた日に太陽がどの星座の位置にあるかを基準としているので、誕生日の頃に見ることは難しい。
※厳密には、星占いでいう星座の境界は現在の黄道十二星座の境界とは異なる。

Q 24 2月中旬頃の南半球のアデレード（オーストラリア）で、北の空に見られるオリオン座の形はどれか。

①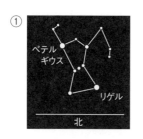

②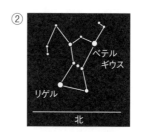

③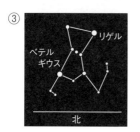

④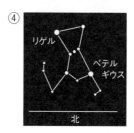

Q 25 方角を十二支で表したとき、「午」はどの方角に相当するか。

① 東　　　　　② 西

③ 南　　　　　④ 北

Q 26 もし地軸（地球の自転軸）の傾きが 20°であったなら、北緯 60°の地点では夏至の太陽の南中高度は何度になるか。

① 60°

② 50°

③ 40°

④ 10°

Q 27

すばる望遠鏡のあるハワイのマウナケア山の緯度は北緯 20°である。マウナケア山での冬至の太陽の南中高度は何度か。

① 20°

② 70°

③ 86.6°

④ 46.6°

Q 28

2014 年に公開されたアメリカの SF 映画で、現実では直接検出に成功したことが 2016 年に発表された「重力波」を使った信号伝達が出てくる作品はどれか。

①『インターステラー』

②『ゼロ・グラビティ』

③『メッセージ』

④『オデッセイ』

Q 29

フォン・ブラウンやツィオルコフスキーなどの宇宙ロケット開発の先駆者に影響を与えたとされるジュール・ベルヌの小説はどれか。

①『月世界旅行』

②『宇宙のあいさつ』

③『宇宙戦争』

④『メッセージ』

④

日本で南の空に見える星座は、赤道付近では天頂付近に見えて、南半球では北の空に見える。つまり、南半球で南を向いて、体を大きくそらせば、オリオン座の見える向きは変わらないが、体を起こして振り返れば、オリオン座は上下左右逆さまに見える。これはオリオン座に限らず、他の星座でも同様である。ちなみに、南半球での太陽は東から昇り西に沈むのは北半球と同じであるが、南の空ではなく北の空に上がる。

第 13 回正答率 59.7%

 ③ 南

方角を十二分割し、北を始まりとして子から順に十二支をあてはめていくと、「午」は南に相当する。天文学では真北と真南を結んだ仮想的な直線を十二支の表し方から子午線と呼ぶ。また、太陽がちょうど真南にくる時刻を正午といい、その前後を午前・午後といっている。

 ② 50°

夏至の南中高度は
　　90°− 北緯の緯度 + 地軸の傾き　なので
　　90 − 60 + 20 = 50　　　　　　で50°である。

第 16 回正答率 45.2%

70

 ④ 46.6°

北緯20°の場所では、冬至の太陽の南中高度の計算は、

　　90° − 20° − 23.4° ＝ 46.6° となる。

なお、夏至の高度は、90° − 20° ＋ 23.4° で計算するが、これは93.4° となり、天頂より北、すなわち「北中」になる。また、そのときの高度は3.4° だけ天頂より低いので86.6° となる。③の値は夏至の太陽高度だが南の空ではなく北の空で一番高くなる。

第 14 回正答率 53.7%

 ①『インターステラー』

『インターステラー』は、居住可能な惑星を求めて遠方の恒星系を探査する引退した宇宙飛行士を描いた父と娘の物語である。ちなみに、製作総指揮の一人である理論物理学者のキップ・ソーンは、2017年に重力波発見への貢献などにより、ノーベル物理学賞を受賞している。

第 14 回正答率 24.8%

 ①『月世界旅行』

ジュール・ベルヌはSFの父とも呼ばれ、『月世界旅行』 の他にも『海底二万里』『八十日間世界一周』『地底旅行』『十五少年漂流記』などの作品がある。その多くが子ども向けに書き直されているため、少年少女文学とされたことも多いが、発売当時は大人が読者だった。科学技術の進歩を予言できており評価されている。ちなみに、日本のテレビアニメ『ふしぎの海のナディア』は、ベルヌの『海底二万里』と『神秘の島』が原作とされるが、内容は大きく変わっている。東京ディズニーシーやパリのディズニーランドにはベルヌの作品世界をモチーフにしたエリアがある。

第 13 回正答率 52.7%

4章

太陽と月、仲良くして

Q1 月は約46億年前にできた。そのでき方について、現在、一番有力な説はどれか。

① 地球の一部が分裂してできた

② 別のところでできた月が、宇宙をただよっているうちに地球に捕まえられた

③ ガスや塵が集まって、地球と同時にできた

④ 地球に火星ぐらいの大きさの天体がぶつかり、そのかけらが集まってできた

Q2 月の誕生はいつ頃か。

① 約138億年前

② 約46億年前

③ 約2億5000万年前

④ 約260万年前

Q3 史上初めて、人類を月に着陸させることに成功した宇宙船はどれか。

① ルナ9号

② アポロ11号

③ ボストーク1号

④ ひてん

Q4 地球の大きさを初めて科学的な方法で測った古代ギリシャの科学者は誰か。

① アナクシマンドロス

② アリストテレス

③ エラトステネス

④ プトレマイオス

Q5 月の質量は地球の質量と比べるとどのくらいか。

① 1/4

② 1/10

③ 1/100

④ 1/1000

Q6 日本では虹の色は7色とされているが、主虹を外側から数えて、黄色の次にくるのは何色か。

① 藍色

② 青色

③ 紫色

④ 緑色

④ 地球に火星ぐらいの大きさの天体がぶつかり、そのかけらが集まってできた

①は親子（分裂）説、②は捕獲説、③は双子説、④は巨大衝突（ジャイアント・インパクト）説と呼ばれている。「月は、かつてドロドロに溶けている時代があった」「地球と月の化学組成が大きく違う」といわれていることから、④の巨大衝突説は、現在、最も有力とされている。しかし、地球と月の成分構成が説明できないことから、1回の大規模衝突ではなく、複数の天体衝突の末に月ができたとする説（複数衝突説）を提唱する学者もいる。

第13回正答率 94.6%

② 約46億年前

月は地球とほぼ同時期の約46億年前にできたと考えられている。ちなみに、①の約138億年前は宇宙の誕生、③の約2億5000万年前は中生代の始まり（恐竜の出現）、④の約260万年前は新生代第四紀の始まり（ヒト属の出現）の年代である。

第14回正答率 77.6%

② アポロ11号

1969年7月、アポロ11号により人類として初めて2人の宇宙飛行士が月面に着陸した。現在のところ、人類が月面に到着できたのはアメリカのアポロ11号・12号・14号・15号・16号・17号だけである。ちなみに①ルナ9号は世界で初めて月面軟着陸に成功したソ連の無人探査機、③ボストーク1号は世界で初めて有人宇宙飛行をおこなったソ連の宇宙船（ガガーリンが搭乗）である。また、④ひてんは日本で初めて月を周回した探査機であるが、月の探査らしい探査はおこなっていないため、後年のかぐやが日本初の本格的な月探査機といえる。

第14回正答率 92.4%

③ エラトステネス

アレクサンドリアで図書館館長をしていたエラトステネスは、真南にあるシエネという町で夏至の正午に井戸の底に陽が差すことを知っていた。同じ時にアレクサンドリアで垂直に立てた棒がつくる影の角度を測れば、これが地球の中心から見たアレクサンドリアとシエネのなす角であることに気づき、両都市の距離が約900 kmであることから地球の円周を約4万数千 kmと見積もった。

③ 1/100

月の直径は約3500 kmと地球の約1/4であるが、平均密度が3.3 g/cm³と地球の平均密度（5.5 g/cm³）に比べて小さいため、$\left(\frac{1}{4}\right)^3 \times \frac{3.3}{5.5} = \frac{1}{64} \times \frac{3}{5} ≒ \frac{1}{105} \sim \frac{1}{100}$ となり、質量は地球の約1/100である。より正確に求めると、地球の半径：約6378 km、月の半径：約1737 kmで、地球は月の約80分の1の質量である。

第16回正答率 34.2%

④ 緑色

虹は空気中に浮かぶ水滴の中で太陽の光が屈折することで現れる現象である。現代の日本では外側から「赤、橙、黄、緑、青、藍、紫」の7色とされている。この虹の色の数は地域によって、2色や8色に表現されるなど、様々である。なお、虹が同時に2本見えることがある。内側の明るい方を主虹、外側の暗い方を副虹と呼び、主虹と副虹では色の並びが逆になる。

第14回正答率 87.3%

主虹についての以下の文のうち、現象を正しく説明しているものはどれか。

① 赤い光は 紫 の光より屈折しやすいので、虹の外側は赤になる

② 紫の光は赤い光より屈折しやすいので、虹の外側は赤になる

③ 赤い光は紫の光より屈折しやすいので、虹の外側は紫になる

④ 紫の光は赤い光より屈折しやすいので、虹の外側は紫になる

空が青い理由を正しく説明したものはどれか。

① 空気分子により赤い光は青い光より10倍以上も散乱され、青い光が残るため

② 空気分子により赤い光は青い光より10倍以上も 吸 収 され、赤い光が減衰するため

③ 空気分子により青い光は赤い光より10倍以上も散乱され、青い光が方々から来るため

④ 空気分子により青い光は赤い光より10倍以上も散乱され、赤い光が残りにくいため

月の自転周期と朔望月の周期はどちらが長いか。

① どちらの周期も同じ

② 自転周期の方が長い

③ 朔望月の周期の方が長い

④ 季節によって異なる

月の自転、公転、満ち欠けの周期（日数）をそれぞれ A、B、C とすると、その関係を正しく示したものはどれか。

① A ＜ B ＜ C   ② A ＝ B ＜ C

③ A ＜ B ＝ C   ④ A ＝ B ＝ C

Q 11

次の図は、地球と月の位置関係を表している。月が A の位置にあるとき、地球から見ると月はどのような形に見えるか。ただし、選択肢中の図はすべて北半球で南中時に見たときのものである。

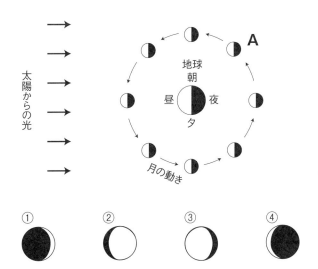

Q 12

地球から月の裏側が見られない理由として、正しいものはどれか。

① 月は自転していないため

② 月と地球の自転周期が同じなため

③ 月の自転周期と公転周期が同じなため

④ 月の自転周期と地球の公転周期が同じなため

② 紫の光は赤い光より屈折しやすいので、虹の外側は赤になる

波長の長い赤い光の方が屈折しにくい。そのため、水滴によって屈折反射した赤い光が観測者の方向に進むのには、太陽の正反対の点（対日点という）からより離れることになり、よく屈折する紫色はそれより内側になる。虹の外側にうっすらともう1つ虹が見えることがある。明るく見える虹を主虹、うっすらと見える外側の虹を副虹という。副虹の場合は、主虹とは逆に、外側が紫、内側が赤になる。 第15回正答率64.9%

③ 空気分子により青い光は赤い光より10倍以上も散乱され、青い光が方々から来るため

空気分子程度の大きさの微粒子は、その大きさより波長の長い青い光をよく散乱する。これをレイリー散乱という。その結果、太陽からの光は空のあらゆる場所で青い光を方々に散らかす。そのため太陽とは異なる方向からは主に青い光がやってくる。結果、空は青く見える。 第16回正答率49.5%

③ 朔望月の周期の方が長い

月の自転周期は約27.3日で、朔望月の周期は約29.5日となる。月は自転周期と同じ周期で地球のまわりを公転しているので、朔望月の周期は公転周期と大きくは違わないが、約1カ月の間に地球は太陽のまわりを少し回るために、朔望月の周期は公転周期より2日ほど長くなる。月の自転周期と公転周期は同じなので、結局、朔望月の周期は自転周期より2日ほど長くなる。 第15回正答率39.8%

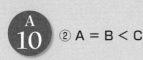 ② A ＝ B ＜ C

月の自転・公転の周期は一致している(27.3日）ので、地球からは月の表側しか見えない。一方、満ち欠けの周期は地球から見た月と太陽との位置関係で決まり、約29.5日である。

 ③

月が地球のまわりを約1カ月かけて公転する間、地球から見ると太陽によって月が照らされている面が全部見えたり（満月）、半分しか見えなかったり（上弦・下弦）、全く見えなかったり（新月）する。月がAの位置にあるときは、太陽光は月の東側（地球から見ると月の左側）から当たっており、かつ月の昼の部分が多く見えている。

第 16 回正答率 82.5%

A12 ③ 月の自転周期と公転周期が同じなため

図は、地球とそのまわりを回る月である。左図のように月が自転しなければ、地球からは月のあらゆる場所を見ることができる。一方、図の右のように月の自転と公転の周期が一致すると、地球からは月の同じ面しか見られない。見えない半分を月の裏といっている。なお、地球に大きさがあること、月の公転軌道が楕円形であり、周回の速度が変化することなどで起きる秤動という現象で、わずかに月の裏側の端が見えるので、月の59%までは地球上から見ることができる。

第 16 回正答率 70.1%

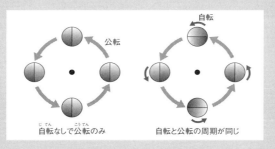

月は表側だけを地球に向けているが、月の首振り運動によって、実際には地球から月表面の半分以上を見ることができる。この月の首振り運動のことを何と言うか。

① 秤動
② 摂動
③ 章動
④ 月震

三日月とは月齢で表すと、いくつの月のことか。

① 月齢2
② 月齢6
③ 月齢14
④ 月齢25

満月の2週間後の月の形として、最も近いものはどれか。

① 新月
② 上弦の月
③ 満月
④ 下弦の月

与謝蕪村の句「菜の花や　月は東に　日は西に」はいつ頃の月を詠んだものか。

① 三日月の頃

② 上弦の月の頃

③ 満月の頃

④ 下弦の月の頃

 月齢29日の月を何と呼ぶか。

① 朔

② 弦

③ 望

④ 晦

月の裏側を最初に撮影した探査機はどれか。

① アポロ11号

② スプートニク1号

③ ルナ3号

④ ルナ2号

A13 ① 秤動

秤動には、実際に月が揺れ動いているために起こる物理秤動と、地球の自転などの効果で首振りをしているように見えるだけの光学的秤動とがある。それぞれが組み合わさり、地球からは月面の約59%を見ることができる。摂動とは天体力学において使われる場合には、たとえばある天体の軌道が他の天体の引力などの影響を受けて乱されることなどをいう。章動とは太陽や月の引力により起こる地球の地軸の微小な振動。月震とは文字通り月で起こる地震。

A14 ① 月齢2

昔の暦では月齢0（新月）の日をその月（Month）の始まり、つまり、一日としていたため、月齢と日付とは1日程度の違いがある。三日月は月齢2にあたるので、かなり細い月である。

第13回正答率 69.2%

A15 ① 新月

新月から新月までを朔望月といい、その周期は約29.5日である。つまり、新月から約1週間で半月（上弦）、約2週間で満月、約3週間で半月（下弦）、約1カ月で新月に戻るというリズムを繰り返すことになる。

第15回正答率 68.1%

③ 満月の頃

菜の花の咲く季節に太陽が西の方向にあることから、だいたい3〜4月の夕方の情景を詠った句であることがわかる。このとき、月が東に見えているので、満月の頃の月だとわかり、③が正答となる。なお、太陽が西に見えているとき、三日月は南西方向に、上弦の月は南か南東の方向に見え、下弦の月はまだ昇ってきておらず、見ることはできない。

④ 晦

月齢が29日の日は新月の前日で、旧暦では月末にあたり、月が隠る（こもる）から晦と呼ぶ。また一年最後の日、すなわち12月31日は大晦となる（太陰太陽暦などの旧暦では、12月30日、または12月29日）。旧暦の月末の三十日を「みそか」と呼ぶことから、旧暦の月末を晦日、一年の最後の晦日（12月の末日）を大晦日ともいう。

第14回正答率 52.2%

③ ルナ3号

アポロ11号で人類は初の月面着陸に成功した。スプートニク1号は世界初の人工衛星、ルナ2号は月の表面に到達した最初の無人宇宙船。1959年、ソ連の無人月探査機ルナ3号は初めて月の裏側の撮影に成功した。そのため月の裏側にはモスクワの海などソ連に関連した名が多くつけられた。

Q19 月の裏側について述べた文で、間違っているものはどれか。

① 探査機が初めて月の裏側に軟着陸したのは2019年である
② 月の地殻の厚みは裏側の方が表側よりも薄い
③ 月の裏側は将来の月面での電波観測の適地であると考えられる
④ 月の裏側にはロケット開発者コロリョフの名前のついたクレーターが
　　ある

Q20 これから日本で見られる皆既日食はいつ起こるか。

① 2025年9月8日
② 2030年6月1日
③ 2035年9月2日
④ 2041年10月25日

Q21 月食が毎月起こらないのはなぜか。

① 地球の自転軸が地球の軌道面に対して傾いているから
② 月の軌道面が地球の軌道面に対して傾いているから
③ 月の自転軸が月の軌道面に対して傾いているから
④ 地球の自転軸が月の軌道面に対して傾いているから

Q22 東京で月が下図のように見えた。同じときにオーストラリアのシドニーで月はどう見えるか。なお、各図の上方向が天頂方向、下方向が地平線方向とする。

① 　② 　③ 　④

Q23 皆既月食（かいきげっしょく）中の月が「赤い月」となるのはなぜか。

① 月が地球の影（かげ）に完全に入らないから

② 月内部のマントルが高温だから

③ 地球の大気を通過した太陽光に照らされるから

④ 太陽系外（たいようけいがい）の恒星（こうせい）に照らされるから

Q24 月は地球から少しずつ離（はな）れている。それと関連して起こっている地球の現象は何か。

① 地球の自転（じてん）が遅（おそ）くなる

② 地球の自転が速くなる

③ 地球の公転（こうてん）が遅くなる

④ 地球の公転が速くなる

② 月の地殻の厚みは裏側の方が表側より薄い

月の自転周期と公転周期が同じため、地球からは月の表側しか見えない。また、月の裏側の地殻の厚みは表側よりも厚いことが知られている。月の誕生は地球がつくられた頃に小天体が原始地球にぶつかってできたというジャイアントインパクト説が有望視されている。地殻の厚みの違いについての一つの説として、誕生後、月は地球に比べて小さいので早く冷えたが、地球はまだ熱かった。そのときにすでに月の表側を地球に向けるようになっていたのなら、まだ冷え切っていない地球からの熱を月の表側が浴びたため、裏側ではアルミニウムやカルシウムなどの物質が早くに降り積もり、表側に比べて鉱物が多い高地がつくられ、より厚くなったというものがある。月の地殻の厚みの違い、表側と裏側の固化の速さの違いにより斜長岩地殻が形成される段階で生まれたのか、その後の衝突過程や地質過程で生まれたのかはまだ解明されていない。

第16回正答率 58.8%

③ 2035年9月2日

いずれも日本で見られる日食または月食である。2025年9月8日は皆既月食、2030年6月1日と2041年10月25日は金環日食。2035年9月2日は北陸から関東で皆既日食が観察できる。

第15回正答率 53.2%

② 月の軌道面が地球の軌道面に対して傾いているから

月の公転軌道面は地球の公転軌道面に対して5°傾いている。月食は必ず満月のときに起きるが、通常満月はその範囲内で地球の影から上下にずれているため、月食とはならない。月の軌道と地球の軌道が交差した点付近で満月となった場合のみ月食が起こる。

③

東京では月が最も空高くのぼるのは南で、一
方、シドニーでは北の空で見えることが多い。
東京で見るときに比べて影(かげ)の部分を含(ふく)め、
月全体が上下左右反対になる。地球からは
月の裏側(うらがわ)は見ることができない。

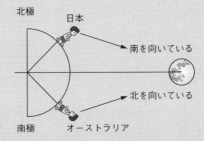

北極

日本

南を向いている

北を向いている

南極　　オーストラリア

第14回正答率 91.2%

 ③ 地球の大気を通過した太陽光に照らされるから

月が地球の本影(ほんえい)に完全に入り込(こ)むのが皆既月食(かいきげっしょく)である。地球に大気がなければ皆既
中の月は真っ暗であるが、地球の大気を通過して屈折(くっせつ)したわずかな太陽光に照らされ
て赤く光る。赤くなるのは、太陽の光が地球の大気を通過中に青い光が散乱(さんらん)されて、
赤い光が残るからである。ちなみに月食時に月から太陽を見ると、太陽が地球に隠(かく)さ
れる。実際(じっさい)に2009年、日本の月周回衛星(えいせい)「かぐや」によって、地球によるダイヤモ
ンドリングが撮影(さつえい)された。　　　　　　　　　　　　　　第13回正答率 92.0%

 ① 地球の自転(じてん)が遅(おそ)くなる

地球が潮汐力(ちょうせきりょく)によって自転のエネルギーを失い、それを月が受け取ることで、月は
毎年3.8 cmずつ地球から遠ざかっている。遠い過去では、月はもっと地球に近く、
地球の自転も速かったのである。　　　　　　　　　　　第13回正答率 76.1%

4章 太陽と月、仲良くして

Q 25 三日月のときなど、図のように月が欠けている部分も弱く光っているのはなぜか。

① 月の表面温度が高いため
② 地球表面で反射された太陽光が届くため
③ 太陽光が月の表面付近で散乱されるため
④ 地球周囲に無数にある人工衛星からの光が届くため

Q 26 次のうち、写真とその現象の組み合わせが正しいものを選べ。

A

B

© 国立天文台天文情報センター

C

© 国立天文台

D

© 国立天文台

① A：金環日食　B：皆既日食　C：部分日食　D：部分月食

② A：皆既日食　B：金環日食　C：部分月食　D：部分日食

③ A：皆既月食　B：金環月食　C：部分日食　D：部分月食

④ A：金環月食　B：皆既月食　C：部分月食　D：部分日食

90

Q27 月は毎年地球から 3.8 cm ずつ遠ざかっている。月が遠くなると、地球から見られなくなってしまう現象はなにか。

① 金環日食 きんかんにっしょく

② 部分日食 ぶぶんにっしょく

③ 皆既日食 かいきにっしょく

④ 皆既月食 かいきげっしょく

Q28 地球から見て、太陽面通過 たいようめんつうか が起こるのはどの惑星 わくせい か。

① 水星と金星

② 金星と火星

③ 火星と木星

④ 木星と土星

Q29 以下の各国の月探査機 たんさき の名前で、月とは関係のないものが由来 ゆらい になっているのはどれか。

① 中国の嫦娥 じょうが

② インドのチャンドラヤーン

③ ロシアのルナ

④ アメリカのアポロ

Q30 有人月面着陸を目指す NASA の計画に日本も参加している。まずは月周回軌道 きどう に有人拠点 きょてん として宇宙 うちゅう ステーションを建設 けんせつ する。その月周回宇宙ステーションの名前は何か。

① オリオン

② アルテミス

③ ゲートウェイ

④ ロスコスモス

② 地球表面で反射された太陽光が届くため

地球表面で反射された太陽光によって月の欠けている部分がうっすらと見える現象を地球照という。三日月の頃は、月から見ると、地球の光っている面が多く見えており、そのぶん地球からの光が多くあたるために地球照がよくわかる。ちなみに、地球照の明るさは、地球の反射率（アルベド）の影響を受けるため、地球の雲量の変動の研究などに活用されている。

第14回正答率 86.5%

② A：皆既日食　B：金環日食　C：部分月食　D：部分日食

日食は太陽が欠ける現象で、太陽面がすべて隠れて、Aのようにコロナが見えているのは皆既日食。日本では2009年に見られたが、あいにく天気が悪くて見られないところが多かった。次は2035年に本州で見られる。Bのリング状に太陽面が残っているものは金環日食。日本では2012年に各地で見られた。次は2030年に北海道で見られる。Cは月が欠けているので、月食である。部分的に欠けているので、部分月食である。月食は、平均的に年に1、2回起こるが、日本で見られるのはそのうちのおよそ半分である。次に日本で見られる皆既月食は2025年9月8日である。Dは太陽が欠けているので部分日食である。また、金環日食はあるが、金環月食という現象はない。

③ 皆既日食

皆既日食は、地球から見る月の見かけの大きさと、太陽の見かけの大きさがほとんど同じであることから見られる現象で、月がだいぶ遠くなると見かけの大きさが小さくなり、太陽をぴったりと隠せなくなってくる。

① 水星と金星

太陽面通過とは、地球から見て太陽の前を別の天体が通過し、太陽とその天体が重なって見える現象で、内惑星である水星と金星で見られる。また、惑星ではないが国際宇宙ステーションやスペースシャトルなどが太陽面を通過するところを観測した例もある。ちなみに、月も太陽面を通過するが、これは日食である。

第14回正答率 89.9%

④ アメリカのアポロ

嫦娥は月に住むという中国の神話の仙女、チャンドラヤーンは月を意味するチャンドラと乗り物を意味するヤーナを組み合わせた言葉。ロシアのルナはラテン語で月を意味する。アメリカのアポロはギリシャ神話の太陽神アポロンに由来する名前なので、直接は月に関係しない。

③ ゲートウェイ

現在、火星への有人探査も念頭に有人月面着陸を目指すNASAのアルテミス計画がいくつかの国の機関や民間の宇宙関連企業との共同で進められている。月周回衛星「ゲートウェイ」の建設では、居住モジュールの建設や物資補給などの日本の協力や日本人宇宙飛行士の活躍が期待されている。月周回衛星まではオリオン宇宙船が宇宙飛行士を運ぶ予定になっている。なお、ロスコスモスはロシア連邦における宇宙開発を担当する国営企業である。

5
章

たいようけい
太陽系の仲間たち

Q1　惑星が星座を形づくる恒星の間を動いていくように見えるのはなぜか。

① 太陽のまわりを回る惑星を地球から眺めているため

② 恒星が惑星に対して動いていくため

③ 惑星が地球のまわりを回っているため

④ 惑星ででたらめに動いているため

Q2　内惑星の特徴で間違っているものはどれか。

① 星座の中を行ったり来たりする

② 自ら光らず、太陽の光を反射している

③ 月のように満ち欠けをする

④ 真夜中でも見ることができる

Q3　太陽系の8つの惑星の中で2番目に密度が高いが全体の質量は一番軽く、1日の長さ（日の出から次の日の出まで）が1年の長さ（太陽のまわりを1周する時間）よりも長いものはどれか。

① 金星

② 土星

③ 水星

④ 火星

Q4 火星は2年2カ月ごとに特に明るく見える。その理由として、最も適切なものは、次のうちどれか。

① 火星が地球に接近し、見かけ上大きくなったため
② 変光星である火星が 膨 張 により大きくなったため
③ 火星が地球から遠ざかり、見かけ上小さくなったため
④ 変光星である火星が 収 縮 により小さく集中したため

Q5 次のうち、1日が一番短い惑星はどれか。

① 水星
② 金星
③ 地球
④ 木星

Q6 太陽系の惑星の中で、平均密度が最も大きい惑星と最も小さい惑星の組み合わせとして、正しいものはどれか。

① 水星と木星
② 水星と土星
③ 地球と木星
④ 地球と土星

① 太陽のまわりを回る惑星を地球から眺めているため

地球を含めた惑星は太陽のまわりを規則正しく公転している。一方、星座を形づくる星である恒星はすべて太陽と同じように自ら輝く星であり、非常に遠くにあるために地球から見てお互いの位置をほとんど変えないように見える。そのため、地球から見ると、惑星が恒星の間を動いているように見える。

④ 真夜中でも見ることができる

地球の内側を回る内惑星は、太陽の方向から大きく離れることはない。そのため真夜中に見ることはできず、見られるのは日の出前の東の空か、日の入り後の西の空だけである。これに対して、地球の外側を回る外惑星は、地球をはさんで太陽と反対側の位置にくることもあるので真夜中でも見ることができる。ちなみに、地球から観察すると、内惑星も月と同じように満ち欠けをするが、月とは違い、満月の状態のときも（新月の状態のときと同様に）太陽の方向にあるため、肉眼での観察は非常に難しい。

③ 水星

水星は密度が高くても太陽系で最も小さな惑星なので、全体の質量は軽い。1年の長さは約88日だが、1日の長さ（日の出から次の日の出まで）は約176日である。自転周期は約59日で、1日の長さとは異なることに注意しよう。 第15回正答率68.5%

① 火星が地球に接近し、見かけ上大きくなったため

火星は地球のすぐ外側を回っているため、地球に近づいたときと遠ざかったときの距離の差が大きく、明るさの変化も大きい。地球と火星の距離が小さくなり見かけ上大きくなったとき、肉眼で見たときの明るさも明るくなる。地球は火星の軌道の内側をより速く公転しているため、約2年2カ月ごとに火星を追い抜き、そのたびに火星と地球は接近する。

④ 木星

1日の長さを日の出から次の日の出までの時間（太陽日）とすると、地球は1日が24時間であるのに対し、地球上の1日で数えると水星は176日、金星は117日にもなる。一方、木星は自転速度が速く、約10時間で1回転している。そのため自転軸方向の直径に対し赤道の直径が約7%膨らんだ楕円のかたちをしている。

④ 地球と土星

平均密度が最も大きいのは5.51 g/cm³の地球で、次いで5.43 g/cm³の水星、5.24 g/cm³の金星、3.93 g/cm³の火星と続く。上位の4つは地球型惑星が占める。平均密度が最も小さいのは0.69 g/cm³の土星で、次いで1.27 g/cm³の天王星、1.33 g/cm³の木星、1.64 g/cm³の海王星となる。土星は、水より軽いので、巨大な水槽に入れることができれば、水に浮いてしまう。したがって正答は④になる。

Q7 惑星について、大きさ（直径）が小さい順に正しく並べられたものはどれか。

① 金星＜地球＜海王星＜天王星

② 地球＜金星＜海王星＜天王星

③ 金星＜地球＜天王星＜海王星

④ 地球＜金星＜天王星＜海王星

Q8 太陽から土星までの平均距離はおよそ何 au か。

① 2 au　　　　② 10 au

③ 20 au　　　　④ 100 au

Q9 次のうち、衛星が見つかっていない惑星はどれか。

① 金星

② 火星

③ 天王星

④ 海王星

Q10 次の惑星についての記述のうち、間違っているものはどれか。

① 金星のマントルは高温の岩石である

② 火星は木星型惑星に分類される

③ 土星は木星型惑星に分類される

④ 海王星の大部分は氷でできている

Q 11 地球から見ると木星は 12 年で空を 1 周する。では 2024 年、おひつじ座の中に木星が位置しているとすると、2025 年はおよそ何座の方向に見えるか。

① おうし座

② ふたご座

③ うお座

④ おとめ座

Q 12 土星の環は主に何でできているか。

① 固体の水（氷）

② 固体のメタン

③ 岩石

④ 鉄などの金属

Q 13 太陽系の惑星の条件に当てはまらないものはどれか。

① 太陽のまわりを回る

② 地球の月よりも直径が大きい

③ 自己重力により丸くなっている

④ その天体の軌道近くに他の天体がない

① 金星＜地球＜海王星＜天王星

それぞれの天体の直径は、金星：約1万2100 km、地球：約1万2800 km、天王星：約5万1100 km、海王星：約4万9500 kmである。金星と地球、天王星と海王星はそれぞれ数％の大きさの違いに過ぎない。　第15回正答率 53.0%

 ② 10 au

auは天文単位を表す記号。天文単位とは、地球と太陽の平均距離をもとにした長さの単位で、1天文単位（au）は、約1億4960万kmである。太陽から土星までの平均距離は14億2670万kmなので、約10 au。太陽から天王星までの距離は約20 au、海王星までは約30 auである。　第15回正答率 31.7%

 ① 金星

水星、金星は衛星をもたないが、それ以外の惑星では衛星をもつ。また、準惑星でも冥王星、エリス、ハウメア、マケマケは衛星をもつ。ちなみに、地球は極めて大きい衛星を1つだけもつやや特殊なパターンで二重惑星とする意見もあったが、地球は惑星、月は地球の衛星とされた。なお、地球と月の共通重心はかろうじて地球内部にある。　第13回正答率 85.6%

 ② 火星は木星型惑星に分類される

火星は主に岩石と鉄でできているため地球型惑星に分類される。火星のマントルは主にケイ酸塩でできており、核は鉄・ニッケル・硫化鉄でできているといわれている。

① おうし座

惑星は黄道帯と呼ばれる誕生星座が並ぶあたりを移動していく。木星はここを12年で東方向に1周し、誕生星座も12であることから、毎年1つずつ東側（左側）の誕生星座に移動していく。おひつじ座の東側の誕生星座はおうし座であるから、③が正答になる。

① 固体の水（氷）

土星の環は主に水の氷でできている。木星・天王星・海王星にも環があり、これらは主に塵が集まってできている。ちなみに、土星の環の幅は全体でおよそ4万4000 kmに対して、厚さは10 m～1 km程度である。これは、土星の環の外側を土俵（直径4.55 m）の外周に見立てると、模造紙ほどの厚さ（0.15 mm程度）しかない。土星の環はとても薄い！

第13回正答率 68.5%

② 地球の月よりも直径が大きい

2006年に国際天文学連合が惑星の定義を決めた。「その軌道近くから他の天体を排除した」という条件があるために、今まで惑星に分類されていた冥王星は、新たに準惑星に分類された。ちなみに、水星は非常に小さな惑星で、その直径は、木星の衛星ガニメデや、土星の衛星タイタンよりも小さい。

第13回正答率 79.8%

Q 14 次の中で、天王星の衛星でないものはどれか。

① ミランダ ② トリトン

③ ティタニア ④ オベロン

Q 15 中心部に岩石の核があり、そのまわりを氷のマントル、さらにそのまわりを水素のガスがおおっている惑星のタイプはどれか。

① 地球型惑星

② 木星型惑星

③ 天王星型惑星

④ 冥王星型惑星

Q 16 写真の天体は何か。

① 金星（地表）

② ガニメデ

③ 冥王星

④ ケレス

©NASA /Johns Hopkins University Applied Physics Laboratory/
Southwest Research Institute/Alex Parker

Q 17

流星群の流星の写真として正しいものは、次のうちどれか。

① ② ③ ④

Q 18

<ruby>彗星<rt>すいせい</rt></ruby>は何でできているか。

① かたい岩石

② <ruby>純水<rt>じゅんすい</rt></ruby>が<ruby>凍<rt>こお</rt></ruby>ったもの

③ ガスの集まり

④ <ruby>塵<rt>ちり</rt></ruby>が混じった氷の<ruby>塊<rt>かたまり</rt></ruby>

5 章

太陽系の仲間たち

 ② トリトン

トリトンは海王星の衛星。衛星の名前はギリシャ神話などから命名されることが多い。トリトンも海神ポセイドンの息子である。しかし、イギリスのウィリアム・ハーシェルが発見した天王星の衛星はギリシャ神話ではなく、文学作品から取られているものも多い。ティタニアとオベロンは、イギリスの劇作家ウィリアム・シェークスピアの戯曲『真夏の夜の夢（A Midsummer Night's Dream)』の妖精の名前である。

第 15 回正答率 72.8%

 ③ 天王星型惑星

地球型惑星は主に岩石と鉄でできており、太陽系では水星、金星、地球、火星があてはまる。木星型惑星は主に水素やヘリウムのガスでできており、木星と土星があてはまる。天王星と海王星が天王星型惑星（氷惑星）である。なお、冥王星型惑星はない。

第 13 回正答率 66.6%

 ③ 冥王星

写真は2015年に探査機「ニューホライズンズ」が撮影した冥王星のクローズアップ画像。予想外にクレーターが少なく、ハート型の平坦な平原（スプートニク平原）の他に、水の氷でできた3000 mを越える山脈、巨大な亀裂など、複雑な地形が発見された。現在でも地質学的な活動が続いているのかもしれない。

第 14 回正答率 62.0%

②

①は東の空の日周運動を撮影したもの。③、④は彗星の写真。②が流星群の流星の写真で、左側中央を中心に、四方に流星が流れているのがわかる。流星群は毎年決まった時期にある星座を中心にして放射状に多くの流星が見られる現象。流星が四方に流れる中心を放射点と呼

ぶ。例えばペルセウス座流星群は、その放射点がペルセウス座にある。毎年見られる主要な流星群に、1月4日頃のしぶんぎ座流星群、8月13日頃のペルセウス座流星群、12月14日頃のふたご座流星群があり、三大流星群と呼ばれる。

第15回正答率 75.7%

④ 塵が混じった氷の塊

彗星の本体（核）は水や二酸化炭素などの氷と塵でできている。そのため汚れた雪玉とたとえられる。太陽に近づくと熱で氷が溶け出し、混じりこんでいる塵とともに宇宙空間へ噴き出している。これが太陽光を反射すると尾として見える。

第14回正答率 87.5%

Q 19 次の彗星の写真で、太陽の方向を示している矢印はどれか。

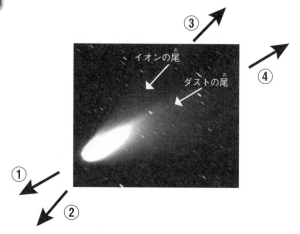

③

④

イオンの尾

ダストの尾

①

②

Q 20 次のうち準惑星でないものはどれか。

① ケレス

② タイタン

③ プルート

④ マケマケ

Q 21 小惑星の多くは、どこに分布しているか。

① 水星と金星の軌道の間

② 地球と火星の軌道の間

③ 火星と木星の軌道の間

④ 木星と土星の軌道の間

Q22 2024年2月時点で、小惑星番号が登録されている天体はおよそいくつか。

① 600個
② 6000個
③ 6万個
④ 60万個

Q23 以下に、4個ずつの天体の組み合わせとそれらの共通点を並べた。この中で、共通点を満たしていない天体が含まれるものはどれか。

天体	共通点
① 木星・土星・天王星・海王星	環をもつ惑星
② 冥王星・ケレス・エリス・マケマケ	準惑星
③ 火星・アンタレス・シリウス・アルデバラン	赤く輝く星
④ 月・フォボス・ガニメデ・タイタン	衛星

Q24 次の太陽系の天体で、環をもたないものはどれか。

① 火星
② 小惑星カリクロ
③ 準惑星ハウメア
④ 土星

②

太陽からの放射圧や太陽風のために、彗星の核から太陽と反対方向にダストの尾とイオンの尾がのびる。ダストの尾は彗星の軌道運動の影響もあり、曲線状となるが、イオンの尾はダストよりも太陽風の影響を受けやすいので、太陽のほぼ反対方向に真っ直ぐのびる。

第13回正答率 43.4%

 ② タイタン

準惑星である条件のひとつに「太陽のまわりを回っていること」というのがある。タイタンは土星の衛星であり、太陽ではなく土星のまわりを回っている天体であるので、準惑星ではない。

 ③ 火星と木星の軌道の間

小惑星のほとんどは、火星と木星の軌道の間に分布している。惑星は、微惑星の度重なる衝突によって形成されたと考えられるが、現在の小惑星帯では、木星の強い重力によって微惑星は1つの惑星を形成できずに、そのまま太陽のまわりを回り続けたと考えられる。ちなみに、小惑星帯には小惑星がびっしりあるイメージをもつかもしれないが、宇宙探査機が小惑星に衝突した事故は皆無で、小惑星に接近するためには緻密な計算が必要である（探査機「はやぶさ」など）。

第14回正答率 82.1%

④ 60万個

小惑星は主に岩石質の天体で、大きさは数m〜数百kmのものまで様々であるが、分布は火星と木星の間にある小惑星帯に集中している。中には地球に接近する軌道をもつものもある。小惑星番号がまだ登録されていないものまで含めると、100万個以上発見されている。2024年2月時点で登録されているのは約66万個。小惑星は、発見されると国際天文学連合（IAU）の小惑星センターに報告され、仮符号がつけられる。さらに追跡観測がされ軌道が明らかになると、登録される。小惑星センターに登録される天体は、岩石を主成分とする「小惑星（astroid）」だけではなく、太陽系外縁天体・彗星・準惑星などを含んだ天体の総称としての「小惑星（minor planet）」を指している。astroidもminor planetも小惑星とされるため注意が必要である。ちなみに、かつて惑星に分類されていた冥王星は2006年に小惑星番号134340が与えられている。

③ 火星・アンタレス・シリウス・アルデバラン　赤く輝く星

各共通点はそれぞれ次の通り。①は環をもつ惑星。②は準惑星。③は赤く見える天体。シリウスだけ青白っぽく見える星なので仲間外れ。ただし、赤く見える理由は惑星と恒星ではまったく異なる。④は惑星の衛星。

① 火星

環は惑星だけでなく小惑星や準惑星にもあることが観測されている。大きな天体は太陽光の反射もあり環が見つけやすいが、小惑星のような小さな天体では観測が難しい。小惑星カリクロが恒星の前を横切るとき本体による減光の前後にわずかに暗くなる瞬間があることから環があることがわかった。トランジット法による環の発見である。

第16回正答率93.3%

Q
25

次の文のA〜Dにあてはまる言葉の組み合わせとして適切なのはどれか。

「太陽系の構成メンバーは惑星の他に、惑星のまわりを回る【 A 】、火星と木星の軌道の間に多く分布する【 B 】、尾をなびかせながらやってくる塵と氷が混ざった 塊 の【 C 】、夜空を一 瞬 さっと横切るように見える【 D 】などがある。」

① A： 準 惑星　　　B：太陽系外縁天体　　　C：彗星　　　D：隕石

② A：衛星　　　　　B：準惑星　　　　　　　C：流星　　　D：彗星

③ A：準惑星　　　　B：隕石　　　　　　　　C：小惑星　　D：流星

④ A：衛星　　　　　B：小惑星　　　　　　　C：彗星　　　D：流星

Q
26

トロヤ群 小 惑星のうち、木星の進行方向前方のものを特に区別するときは、何と呼ぶか。

① トロヤ群

② ギリシャ群

③ ヒルダ群

④ スパルタ群

Q
27

次のうち、 小 惑星の多くが丸い形ではない最も大きな理由はどれか。

① 現在も 衝 突を繰り返しているため

② 現在も合体を繰り返しているため

③ 岩石でできているため

④ 自己重力が弱いため

Q28 次の写真のうち、小惑星イトカワはどれか。

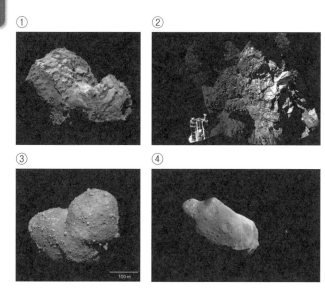

① ② ③ ④

Q29 次のうち、火星探査車ではないものはどれか。

① オポチュニティ   ② キュリオシティ

③ ニューホライズンズ   ④ パーサヴィアランス

Q30 次の写真は何を撮影したものか。

① 巨大黒点
② 金星の太陽面通過
③ 白色光フレア
④ フォボスによる日食

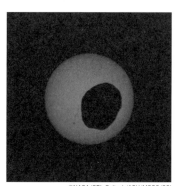

©NASA/SPL-Caltech/ASU/MSSS/SSI

113

④ A：衛星　B：小惑星　C：彗星　D：流星

どんなに大きくて丸い天体であっても惑星のまわりを回るものは衛星であって、準惑星
の条件には当てはまらない。たとえば月は冥王星よりも大きいが地球の衛星である。
流星は夜空をさっと一瞬で動くように見えるのに対して、彗星は、他の惑星のように
見た目は止まって見える。流星として見えたものが地上まで落ちてきて発見されたもの
が隕石。太陽系外縁天体は海王星よりも遠くにある小天体である。

② ギリシャ群

木星軌道上の小惑星で、とくに5カ所あるラグランジュ点の2カ所に分布するものを、
全体としてはトロヤ群小惑星と総称する。そのうち、木星の進行方向前方のラグラン
ジュ点のものをギリシャ群、木星の進行方向後方のラグランジュ点のものをトロヤ群と
呼ぶこともある。ホメロスの叙事詩『イリアス』に書かれているトロイヤ戦争で戦った、
ギリシャとトロイにちなんでいる。ヒルダ群も別のラグランジュ点に分布する。④のス
パルタ群と呼ばれる小惑星群はない。

第16回正答率 25.1%

④ 自己重力が弱いため

小惑星は主に岩石質の天体で、火星軌道と木星軌道の間にある小惑星帯に集中して
いる。大きさは数m〜数百kmのものまで様々であるが、ほとんどは質量が小さいため
自己重力が弱く丸い形になれない。

第15回正答率 72.3%

A
28 ③

①、②は2004年に打ち上げられた探査機「ロゼッタ」が2014年に到達したチュリュモフ・ゲラシメンコ彗星の画像で、①はロゼッタが撮影した彗星核、②は着陸船フィラエのカメラがとらえた彗星の表面。③が探査機「はやぶさ」が探査した小惑星イトカワ。④は探査機「ガリレオ」が探査した小惑星イダ。

第14回正答率 63.3%

〈クレジット〉
① : ©ESA/Rosetta/MPS for OSIRISTeam MPS/UPD/LAM/IAA/SSO/INTA/UPM/DASP/IDA
② : © ESA/Rosetta/Philae/CIVA、③ : © JAXA、④ : © NASA/JPL

A
29 ③ ニューホライズンズ

ニューホライズンズは太陽系外縁部にある天体探査を目的に2006年に打ち上げられた探査機で、2015年に冥王星、2018年にアロコスに到達し、観測した。③以外は火星探査車で、①は2018年で運用を終了しているが、②と④は現在もそれぞれの強みを活かして、火星の表面で日夜奮闘している。

A
30 ④ フォボスによる日食

写真は、火星探査車パーサヴィアランスがとらえた火星の衛星フォボスによる日食。火星の2つの衛星、フォボスとダイモスは、小惑星が火星の重力に捕獲されたものなのか、火星への天体衝突による破片からできたのか、その起源を探るため、JAXAでは火星の衛星からのサンプルリターンを計画している。

6章

EXERCISE BOOK FOR ASTRONOMY-SPACE TEST

太陽系の彼方には何がある

Q1 天文単位とは、どんな単位か。

① もともとは太陽の質量を1とした質量の単位

② もともとは太陽の寿命を1とした時間の単位

③ もともとは地球－太陽間の平均距離を1とした長さの単位

④ もともとは地球－月間に働く引力の大きさを1とした力の単位

Q2 1天文単位（1 au）は、光がどれくらいの時間で進む距離か。

① 1.3秒

② 8分20秒

③ 4時間10分

④ 4.3年

Q3 次の距離の単位のうち、一番距離が大きいものはどれか。

① 1メートル（1 m）

② 1天文単位（1 au）

③ 1光年（1 ly）

④ 1パーセク（1 pc）

Q4 銀河が重力的に多数結び付いてつくる集団・構造について、その大きさを小さい順に並べたものはどれか。

① 銀河群＜銀河団＜超銀河団＜宇宙の大規模構造
② 銀河団＜銀河群＜超銀河団＜宇宙の大規模構造
③ 銀河団＜超銀河団＜銀河群＜宇宙の大規模構造
④ 超銀河団＜銀河団＜銀河群＜宇宙の大規模構造

Q5 日本の重力波望遠鏡の名前はどれか。

① KAGRA
② SPring-8
③ KAMIOKANDE
④ NAYUTA

Q6 プロキシマ・ケンタウリ星のプロキシマはどういう意味か。

① 発見した人の名前
② ケンタウルス座で1番明るいという意味
③ アルファ・ケンタウリの伴星という意味
④ 最も近いという意味

③ もともとは地球−太陽間の平均距離を1とした長さの単位

天文単位は、地球−太陽間の平均距離に由来しているが、現在では149,597,870,700 mと定義されている（およそ1億4960万km）。主に太陽系内の惑星などの天体間の距離に使われる単位である。　第16回正答率96.7%

 ② 8分20秒

1天文単位は地球と太陽間の平均距離に由来し（現在では149,597,870,700 mと定義されている）、光の速さで8分20秒の距離である。ちなみに①1.3秒は地球から月まで（38万km）、③4時間10分は太陽から海王星まで（30天文単位）、④4.3年は太陽からケンタウルス座α星まで（4.3光年）を光が進むまでにかかる時間である。私たちが見る月は約1秒前、太陽は約8分前のものである。　第13回正答率80.3%

 ④ 1パーセク（1 pc）

天文単位は地球と太陽の平均距離に由来するもので、1天文単位（au）＝約1.5×10¹¹ mである。光年は光が1年間に進む距離を使った単位で、1光年（ly）＝約9.5×10¹⁵ mである。パーセクは年周視差が1″（秒角）となる距離を使った単位で、1パーセク（pc）＝約3.1×10¹⁶ mである。したがって、1 pc＞1 ly＞1 au＞1 mとなる。

第15回正答率77.7%

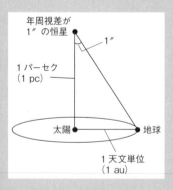

年周視差が1″の恒星
1″
1パーセク（1 pc）
太陽
地球
1天文単位（1 au）

① 銀河群＜銀河団＜超銀河団＜宇宙 の大規模構造

銀河は宇宙にまんべんなく分布しているわけではなく、所々で集団をつくっている。小規模なものが銀河群、大規模なものが銀河団で、これらが多数集まったものが超銀河団である。その超銀河団たちがおりなす宇宙で最も大きな構造が宇宙の大規模構造である。

第16回正答率 81.4%

① KAGRA

神岡鉱山に設置しているレーザー干渉型重力波望遠鏡の名前は、神岡の一部を取って、KAGRAと呼ばれる。SPring-8は兵庫県に設置されている大型粒子加速器の名称。KAMIOKANDEは神岡鉱山に設置されているニュートリノ望遠鏡の名前。NAYUTA（なゆた）は兵庫県西はりま天文台に設置されている口径2 mの望遠鏡の名前。

第13回正答率 57.7%

④ 最も近いという意味

太陽にもっとも近い恒星系は3重連星になっている。ケンタウルス座 α 星（α Cen A, B, C）だが、その中で太陽に最も近い星は、プロキシマ・ケンタウリ（α Cen C）であり、最も近い星という意味の個別名をもらっている。なおα Cen A、Bまでの地球からの距離はおよそ4.3光年だが、プロキシマ・ケンタウリまでの距離はおよそ4.2光年である。

第13回正答率 24.5%

Q7 太陽を回る地球の軌道を1円玉の大きさ（直径2cm）とすると、太陽からケンタウルス座α星まではどれくらいか。ここで、太陽からケンタウルス座α星までの距離は4.3光年（27万天文単位）とする。

① 2.7 km

② 4.3 km

③ 270 km

④ 430 km

Q8 恒星を太陽系から近い順に並べた。正しいものはどれか。

① ケンタウルス α 星－バーナード星－プロキオン－シリウス

② バーナード星－ケンタウルス座α星－プロキオン－シリウス

③ ケンタウルス座α星－プロキオン－バーナード星－シリウス

④ ケンタウルス座α星－バーナード星－シリウス－プロキオン

Q9 天の川銀河と星座をつくる星々（ベガなど）、および太陽との位置関係について述べた文として、正しいものはどれか。

① 星座をつくる星々も太陽も天の川銀河の天体である

② 太陽は天の川銀河の天体であるが、星座をつくる星々は天の川銀河の外側にある

③ 星座をつくる星々は天の川銀河の天体であるが、太陽は天の川銀河の外側にある

④ 星座をつくる星々も太陽も天の川銀河の外側にあって、天の川銀河と太陽の間に星座をつくる星々が分布している

天の川銀河の大きさはだいたいどのくらいか。

① 直径10光年

② 直径1000光年

③ 直径10万光年

④ 直径100万光年

天の川銀河にはおよそ何個の恒星があるか。

① 数万個

② 数百万個

③ 数億個

④ 数千億個

目で見える星座の星の数が数千個とすると、天の川銀河の中にある恒星の何%が見えている計算か。

① およそ0.000001%

② およそ0.00001%

③ およそ0.0001%

④ およそ0.001%

 ① 2.7 km

地球の軌道の大きさを直径2cmの円と考えると、半径は1cmである。これが太陽と地球の間の距離、つまり、1天文単位（au）に相当する。1天文単位を1cmと考えると、27万天文単位は27万cm。これをkmで表すと2.7kmである。

 ④ ケンタウルス座 α 星ーバーナード星ーシリウスープロキオン

距離はそれぞれ、ケンタウルス座α星：4.3光年、バーナード星（へびつかい座）：6.0光年、シリウス（おおいぬ座α星）：8.6光年、プロキオン（こいぬ座α星）：11.5光年である。（数値は2023年版『理科年表』による）

 ① 星座をつくる星々も太陽も天の川銀河の天体である

星座をつくる星々も太陽も天の川銀河の天体であって、太陽に近い星は星座をつくる比較的明るい星となり、遠い星はひとつひとつが分解しにくくなり、それが天の川として見える。ちなみに、七夕の織姫星（ベガ）と彦星（アルタイル）は天の川の両岸にいるようにも見えるが、実はどっぷり天の川銀河の中にいる。

③ 直径10万光年

天の川銀河は星の大集団で、その直径はおよそ10万光年もあり、銀河の中でも大きい方である。私たちの住む太陽系は天の川銀河の中心から2万8000光年離れたところにある。（太陽系の位置は、2.8万光年±0.3光年とされていて、正確な位置はまだ定まっていないとされる。出典：2023年版『理科年表』）

 ④ 数千億個

天の川銀河は直径約10万光年の円盤形をしており、円盤部、バルジ、ハローなどからなっている。そこにはおよそ2000〜4000億個の恒星が存在していると考えられる。暗くて小さい恒星は観測するのが難しく、正確な数を把握するのはなかなか難しい。

 ① およそ0.000001%

天の川銀河の星は円盤部、バルジに集中し、その数は数千億個と見積もられている。目に見えているのは全体の1億分の1、すなわち、0.000001（100万分の1）%である。

Q 13 天の川銀河は大きく３つの部分に分けられる。天の川銀河を側面から見た図のア、イ、ウの名称の組み合わせとして正しいものは次のうちどれか。

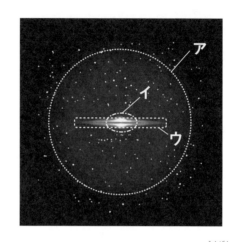

① ア：ハロー　　　　　イ：バルジ　　　　ウ：円盤（ディスク）

② ア：円盤（ディスク）　イ：ハロー　　　　ウ：バルジ

③ ア：バルジ　　　　　イ：ハロー　　　　ウ：円盤（ディスク）

④ ア：ハロー　　　　　イ：円盤（ディスク）　ウ：バルジ

Q 14 太陽系は天の川銀河の中を回っている。今からおよそ1周前の頃に起きたと考えられる出来事はどれか。

① 恐竜の絶滅（約6600万年前）

② 哺乳類の出現（約２億3000万年前）

③ 陸上植物の出現（約４億5000万年前）

④ シアノバクテリアの出現（約32億年前）

Q15 太陽系は天の川銀河の中を約2億4000万年かけて回っていると考えられる。太陽系はこれまでに、天の川銀河をおよそ何周しているか。

① 1周　　　　　② 3周

③ 19周　　　　　④ 88周

Q16 図は天の川銀河の側面を表している。太陽系はどこか。

Q17 次の画像は天の川銀河の一部を示したものである。太陽を含む渦巻腕（渦状腕）の名前を何というか。

① じょうぎ・はくちょう腕

② ペルセウス腕

③ オリオン腕

④ いて腕

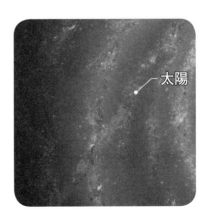

太陽

① ア：ハロー　　イ：バルジ　　ウ：円盤（ディスク）

天の川銀河は円盤状に多くの星が集まっており、この円盤部分を円盤（ディスク）という。さらに、円盤部の中央はやや膨らんで星が密集している。この部分をバルジと呼ぶ。このような凸レンズ状の構造の周囲を大きく球状に取り囲む領域がハローであり、ハローには球状星団が存在している。　　第16回正答率 76.7%

② 哺乳類の出現（約2億3000万年前）

太陽系は天の川銀河のまわりを中心から2万8000光年の距離を秒速220 kmほどの速さで回っていると考えられており、円軌道を描いていると考えると1周するのに約2億4000万年かかることになる。したがって、この値に最も近い②が正答になる。（太陽系の位置は、2.8万光年±0.3光年とされていて、正確な位置はまだ定まっていないとされる。出典：2023年版『理科年表』）　　第15回正答率 65.5%

③ 19周

天の川銀河のまわりを回る太陽系の回転速度は220 km/sと推定されており、天の川銀河を一周するのに約2億4000万年かかる。太陽系が生まれて46億年くらい経っているので、

46億年 ÷ 2億4000万年／周 ≒ 19周

第16回正答率86.5%

③

太陽系は天の川銀河の円盤（ディスク）内にあって、銀河中心からおよそ2.8万光年離れていると考えられる。ちなみに、太陽系は約2億4000万年かけて銀河中心のまわりを公転しているので、太陽系が誕生（約46億年前）してから天の川銀河をおよそ19周した計算となる。

第14回正答率94.5%

③ オリオン腕

天の川銀河は渦巻銀河で明るい星々や暗い筋状のダークレーンで形成された渦巻状の腕をもっている。他の渦巻銀河のように外部から観測することはできないが、中性水素ガスの観測など様々な方法で、天の川銀河の腕の構造も調べられていて、腕の方向の星座の名前をつけて区別されている。

第15回正答率41.7%

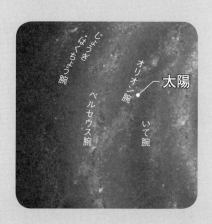

Q 18 1.5万光年は、次のどの距離や大きさに相当するか。

① 地球と太陽の間の距離

② 太陽の隣の恒星までの距離

③ 天の川銀河の直径

④ 天の川銀河のバルジの厚み

Q 19 天の川銀河のハローの広がりは、およそどれくらいか。

① 15万km

② 1.5万天文単位

③ 15万光年

④ 1.5万パーセク

Q 20 太陽系は天の川銀河の中心から約2万8000光年離れたところに位置している。この距離をパーセク（pc）で表すとどれくらいか。ヒント：1 pc = 3.26光年。

① 約3000 pc

② 約8500 pc

③ 約22000 pc

④ 約167000 pc

Q21 星座の星として見えているのは、太陽系からどのくらいの距離までの範囲か。

① 100光年

② 1000光年

③ 1万光年

④ 10万光年

Q22 小マゼラン雲が日本から見えないのはなぜか。

① 天の川の向こう側にあるから

② 天の南極近くにあるから

③ 昼間の空にあるから

④ 街灯りがじゃまだから

Q23 アンドロメダ銀河のような大きな銀河が従えている、図の矢印で示す銀河を何というか。

① 恒星銀河

② 惑星銀河

③ 衛星銀河

④ 彗星銀河

④ 天の川銀河のバルジの厚み

私たちは天の川銀河と呼ばれるたくさんの星の集まりの中に暮らしている。天の川銀河は円盤状の形状をしており、直径は約10万光年、中心部分のバルジの厚みが約1.5万光年である。ちなみに、①は約1億4960万km、②は約4光年である。

第15回正答率 79.6%

③ 15万光年

天の川銀河のハローは円盤とバルジを球状に取り囲むように広がり、15万光年ほどある。また太陽と天の川銀河の中心までの距離は約2.8万光年である。なお、15万kmはおよそ1億分の1光年、1.5万天文単位はおよそ0.2光年、1.5万パーセクはおよそ5万光年。

② 約8500 pc

私たちは天の川銀河と呼ばれるたくさんの星の集まりの中に暮らしており、それが空に見えているのが天の川である。中心からの距離をパーセクで表すと、

（28000光年 ÷ 3.26光年）pc ＝ 約8500 pc

となる。

なお、パーセクとは、天体までの距離を表す単位。地球からある恒星を観測したとき、年周視差が1″（秒角）になる距離を1パーセクと定義する。

第13回正答率 88.5%

② 1000光年

星座の星として肉眼で見えるのは、せいぜい1000光年である。1等星の中で一番遠くにあるのは、はくちょう座のデネブで、およそ1400光年である。それより遠い星々は、個々の星としては見えないが、1万光年程度までは天の川として見えている。

第15回正答率 57.4%

② 天の南極近くにあるから

天の川銀河の衛星銀河（伴銀河）である小マゼラン雲は天の南極近く、赤緯−73°にあって、日本からは見えない（地面の下になる）。たとえば、北緯33°の福岡からギリギリ見えるのは、赤緯−57°くらいまでである。

③ 衛星銀河

天の川銀河やアンドロメダ銀河は大型の銀河で、それぞれ小さな銀河を従えている。この小さな銀河を衛星銀河または伴銀河という。問題にある写真は、アンドロメダ銀河とその衛星銀河（上がNGC 205、下がM 32）である。ちなみに、大マゼラン雲と小マゼラン雲は天の川銀河の衛星銀河である。「雲」とあるが星雲（主にガス）ではなく、銀河（恒星の集まり）である。

第14回正答率 79.4%

cosmos の反対語はどれか。

① chaos　　　② heaven

③ hell　　　　④ earth

天の川銀河の衛星銀河（伴銀河）はどれか。

① 大マゼラン雲　　② アンドロメダ銀河

③ ソンブレロ銀河　④ 子持ち銀河

次の写真の石炭袋には何が集中しているか。

南天の天の川

石炭袋

大マゼラン雲

小マゼラン雲

©Mitsunori Tsumura

① ダストやガス

② ブラックホール

③ ダークマター

④ 何もない

Q 27

天の川の中央部近くに、天の川に沿って、あまり星の見えない黒いすじのようなところがある。それは何か。

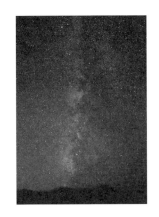

① 暗黒物質
② 暗黒星団
③ 暗黒星雲
④ 暗黒領域

Q 28

重力波の存在が予言されてから実際に観測が成功するまでに何年かかったか。

① 約10年
② 約30年
③ 約100年
④ 約200年

Q 29

GW150914で表される天体または現象は何か。

① 彗星
② 小惑星
③ X線源
④ 重力波源

A24 ① chaos

英語で宇宙を表す言葉としては、universe（一つに統合されたもの）、cosmos（整然として調和のとれた体系）、space（空間）などがある。したがって、cosmosの反対語はchaos（混沌）となる。ちなみに、cosmosはギリシャ語で調和を表すKOSMOSからきていて、化粧品などのcosmeticも同じ語源になる。 第14回正答率52.3%

A25 ① 大マゼラン雲

大マゼラン雲は、小マゼラン雲とともに天の川銀河のまわりを公転する衛星銀河（伴銀河）である。「雲」とついているが星雲ではなく、銀河である。ちなみに、日本のテレビアニメ『宇宙戦艦ヤマト』で、ヤマトが目指したのは大マゼラン星雲（星雲とあるが作中の表現）のイスカンダル星である。 第13回正答率67.0%

A26 ① ダストやガス

石炭袋は暗黒星雲の一種で、ダスト（塵）やガス（水素原子・水素分子やヘリウム原子が主成分）を含んでおり、背後の星の光を吸収して（遮って）黒く見えている。なお、可視光では見えないが、ダストなどが吸収した可視光を電波や赤外線で再放射するので、電波や赤外線では光って見える。 第13回正答率83.1%

A 27 ③ 暗黒星雲

天の川の手前に暗黒星雲があり、背景の星々を隠しているため黒いすじのように見える。暗黒星雲は暗く、星が少ないように見えるが、星の材料が濃く集まり、星の卵がつくられつつある場所でもある。宮沢賢治の『銀河鉄道の夜』にも、「石炭袋」という暗黒星雲が登場するが、これはみなみじゅうじ座の近くの天の川にある暗黒星雲だ。

第15回正答率 87.9%

A 28 ③ 約100年

1916年に、アルベルト・アインシュタインが一般相対性理論を発表したことで、重力波と呼ばれる時空のさざ波が存在することが予言された。それから約100年たった2015年に、アメリカの重力波観測施設のLIGOで、ブラックホールの合体によって放出された重力波が人類史上初めて検出された。

第15回正答率 60.4%

A 29 ④ 重力波源

GW150914とは、アメリカの重力波検出器LIGO（ライゴ）によって初めて検出された重力波源である。この重力波は、2つのブラックホールが合体した時に生じたとされる。ちなみに、1つ目なのになぜ数字が6桁もあるのか。これは、GWがgravitational wave（重力波）の略で、6桁の数字は観測された日付（2015年9月14日）を表しているからである。

第14回正答率 71.2%

7章

天文学の歴史

Q1 現在、世界の多くの国々で採用されている太陽暦の名前は何か。

① グレゴリオ暦

② ハアブ暦

③ ユリウス暦

④ シリウス暦

Q2 日本が 1872 年まで使用していた 暦 は何か。

① 太陽暦

② 太陰暦

③ 太陰太陽暦

④ 太陽太陰暦

Q3 太陰暦や太陽暦と生活との関係について、正しく述べたものはどれか。

① 収 穫祭の月見をするなど、農耕と太陰暦は相性がよい

② 現在使っている太陽暦は人工的な暦なので、農耕にはあわない

③ 潮の干満と関係あるので、太陰暦は漁労には便利だ

④ 国をまたぐ商業契約には、共通の月を使った太陰暦が便利だ

Q4 暦に関する記述のうち、間違っているものはどれか。

① シリウス暦（古代エジプト）は世界最古の太陽暦といわれている

② ハアブ暦（マヤ文明）では18カ月（1カ月20日間）と5日で一年とした

③ ユリウス暦はローマ教皇グレゴリオ13世によって施行された

④ 古代ローマの暦では現在の3月が一年最初の月であった

Q5 次の天文遺産の写真は何か。

① チャンキロ

② オドリー

③ ジャンタルマンタル

④ ストーンヘンジ

Q6 次の図は、ハーシェルが描いたものである。何を表しているか。

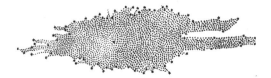

① プレアデス星団（すばる）

② かに星雲

③ 天の川銀河

④ 大規模構造

① グレゴリオ暦

グレゴリオ暦は1582年10月にローマ教皇グレゴリオ13世によって施行されたもの。②のハアブ暦はマヤ文明の暦の一つ。③のユリウス暦は紀元前46年にユリウス・カエサルが制定した暦。④のシリウス暦は古代エジプト人が作った最古の太陽暦。

第16回正答率91.4%

 ③ 太陰太陽暦

日本では飛鳥時代に中国から入ってきた太陰太陽暦である元嘉暦を導入して以来、明治5年（1872年）のグレゴリオ暦への改暦まで太陰太陽暦を使用していた。明治5年（1872年）12月3日を明治6年（1873年）1月1日として、グレオリオ暦へと改暦が行われた。

 ③ 潮の干満と関係あるので、太陰暦は漁労には便利だ

太陰暦は、月の満ち欠けを基準にしており、潮の干満と密接に関係しているので、漁労者にとってはわかりやすい暦であった。一方、年間での季節変化と密接に関係している太陽暦は、農耕にあった暦といえる。この2つをあわせた太陰太陽暦が使われた地域もあるが、国家間でシステムが違うとわかりにくいので、国際交流が盛んになると、よりシンプルな太陽暦が世界的に使われるようになった。なお、全ての暦は人間の取り決めであり、自然を参照しているものの人工的なものである。

第16回正答率71.9%

③ ユリウス暦はローマ教皇グレゴリオ13世によって施行された

③が間違った記述である。ローマ教皇グレゴリオ13世によって施行されたのはグレゴリオ暦である。ユリウス暦を施行したのは、ローマ皇帝ユリウス・カエサルである。暦は人間の営みに欠かすことができないもので、農業、漁業、経済、政治などあらゆる活動の基礎とされ、世界各地で様々な暦が作られた。古代ローマでは現在の3月が一年最初の月（1月）であったが、ユリウス暦で現在の1月2月を加えたことに伴い、月の数が2つだけ後ろにずれて8番目の月（October）がそのまま10月となった。

第16回正答率 50.3%

④ ストーンヘンジ

ストーンヘンジは、国際連合教育科学文化機関（UNESCO）が国際記念物遺跡会議（ICOMOS）や国際天文学連合（IAU）と共同で選定する天文遺産に登録されている。チャンキロは、ペルーの遺跡で13基の太陽観測塔が残る。オドリーはポーランドにある遺跡で、12のストーンサークルがある。ジャンタルマンタルは、ムガル帝国（今のインド）のマハーラージャの居城の一角に建てられた天文台である。チャンキロ、オドリーの還状石、ジャンタルマンタルも天文遺産に登録されている。

第16回正答率 93.3%

③ 天の川銀河

ウィリアム・ハーシェルは、「恒星の実際の光度は同じで、見かけの明るさは距離によって決まる」と仮定して、恒星の空間分布を求め、太陽を中心とした天の川銀河のモデルを提唱した。もちろんこの仮定は後に誤りであることがわかったが、夜空を600以上の区画に分けて見える星の数と明るさを記録したことは偉業といえよう。ちなみに、ハーシェルの業績としては、他にも天王星の発見、連星の発見、赤外線放射の発見などが挙げられる。

第13回正答率 49.7%

Q7 閏年（うるうどし）となるのはどの年か。

① 西暦（せいれき）1800年
② 西暦1900年
③ 西暦2000年
④ 西暦2100年

Q8 January（1月）は、もとはどういう意味か。

① 時の神ヤヌス
② 守護神（しゅごしん）ユノー
③ 聖人（せいじん）ヨハナン
④ ラテン語で1年を表すアヌス

Q9 英語のSeptemberとはラテン語で何番目の月という意味か。

① 7番目
② 8番目
③ 9番目
④ 10番目

現在の October（10月）は、古代ローマ時代は8番目の月だった
が、10月になった理由はなにか。

① カエサルが1年の始まりの月を現在の1月としたため
② アウグストゥスが1年の始まりの月を現在の1月としたため
③ 現行のグレゴリオ暦（れき）で1年の始まりの月が現在の1月となったため
④ 理由は不明

『初学天文指南（しょがくてんもんしなん）』の中で描（えが）か
れている次の図は何か。

① 日時計
② 砂時計
③ 水時計
④ 振り子時計（ふりこ）

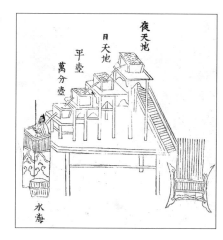

2017年1月1日に閏秒（うるうびょう）が挿入（そうにゅう）された。このことと一番深く関
わっている事柄（ことがら）はどれか。

① 地球が徐々（じょじょ）に小さくなっている
② 地球が徐々に大きくなっている
③ 地球の自転（じてん）速度が速くなっている
④ 地球の自転速度が遅（おそ）くなっている

7章

天文学の歴史

③ 西暦2000年

西暦年が4で割り切れる場合は閏年となるが、100でも割り切れる場合は平年となる。さらに、400でも割り切れる場合は閏年となる。したがって、選択肢①〜④はすべて4でも100でも割り切れるが、400で割り切れるのは③の西暦2000年だけである。したがって、閏年となるのはこの年だけである。閏年には2月28日の次の日に閏日が挿入される。ちなみに、閏日（2月29日）生まれの人は、平年のいつ歳をとるのだろうか。イギリスなどでは3月1日に加齢されるが、日本では2月28日に加齢される。日本の場合、ほかの誕生日でも前日に加齢することになっている。だから4月1日生まれは上の学年になる。

第14回正答率71.1%

① 時の神ヤヌス

ヤヌスは物事のはじめを司る古代ローマの神で、行動は門からはじまるので門の守護神でもある。前後に顔をもつ二面神とされた。ユノーはJune（6月）の由来になっている。ヨハナン（ヨハネ）から、フランス語のありふれた男性名ジャンや、英語の男性名ジョンとなった。ラテン語で1年を意味するアヌス（annus）は、英語のannualの語源。

第13回正答率84.2%

① 7番目

欧米の月名は古代ローマ帝国の暦に起源があり、1月〜6月は神話の神々の名前、7月〜12月は数詞で名づけられた（ただし、現在7月と8月は時の権力者の名前がついている）。当時の暦は年初を3月においていたため、9月は7番目となる。

第16回正答率60.1%

① カエサルが1年の始まりの月を現在の1月としたため

古代ローマ帝国の暦では、現在の3月が1年のはじまりだったため、いまの10月は8番目の月だった。ユリウス・カエサルが紀元前46年にユリウス暦を制定した際に、1年のはじまりの月を現在の1月へ変更し、9月から12月までの名称が数字と2つずつずれてしまった。ラテン語のoctoは8を意味し、ラテン語語源の言葉として様々な言語の中に残っている。例えば、英語の蛸（octopus）、オクターブ（octave）や化学物質のオクタン（octane）などにも見ることができる。 第14回正答率 20.1%

③ 水時計

問題にある図は「漏刻」と呼ばれる水時計で、日時計が使えない曇りや雨の日にも時刻を知ることができた。ちなみに、世界各地にさまざまな水時計があり、振り子時計が発明される17世紀まで、水時計は1000年の間、最も正確で最もよく使われる時計であった。 第14回正答率 87.7%

④ 地球の自転速度が遅くなっている

現在は原子時計により時刻を測っているが、地球の自転周期が変化するので、変化が極めて小さな原子時計による時刻との間に差が生じる。これに対応するため、閏秒が挿入されることがある。しかし近年は、時間調整の失敗によるシステム障害を懸念する声が高まってきたため、廃止が検討されてきた。その後、2022年11月の国際度量衡総会で閏秒は2035年までに実質的に廃止されることが決議された。ただし、期限を2040年に延長する可能性もある。 第13回正答率 85.2%

Q 13 船上で精密な経度を測定するために、イギリスのハリソンが開発した道具は次のうちどれか。

① クロノメータ
② 羅針盤
③ ジャイロスコープ
④ 六分儀

Q 14 次の図は北極側からみた地球を表している。本初子午線と子午線Aのなす角が120°のとき、その時差はいくらか。

① 4時間
② 8時間
③ 12時間
④ 16時間

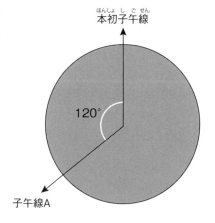

本初子午線

120°

子午線A

Q 15 子午線に関して述べた以下の文のうち、間違っているものはどれか。

① 江戸時代の日本では天体観測の原点は江戸城を通る子午線とされていた
② 世界時の基準線(基準の経度)となる本初子午線はイギリスの旧グリニッジ天文台を通っていた
③ 現在の日本の中央子午線は明石を通る東経135°の子午線である
④ アメリカでは東海岸と西海岸では異なる中央子午線を用いた標準時を使用している

Q 16 次の人物のうち、地動説 (太陽中心説) を唱えたのは誰か。

① アリストテレス

② アリスタルコス

③ ヒッパルコス

④ プトレマイオス

Q 17 天動説で惑星の運動を説明するために、プトレマイオスが導入した円軌道を何というか。

① 公転円

② 相対円

③ 天球円

④ 周転円

Q 18 ニコラス・コペルニクスが出版した本はどれか。

①『アルマゲスト』

②『天体回転論』

③『星界の報告』

④『プリンキピア』

7章 天文学の歴史

① クロノメータ

18世紀当時、六分儀などによって天体の位置を測定し、緯度を求め、クロノメータで経度を測定して、現在位置を算出しながら航海していた。ハリソンが開発したクロノメータはそれまでの振り子式時計に比べ、船の揺れや温度変化に影響されることのない精度の高いぜんまい式時計である。

 ② 8時間

地球は24時間で1回自転するので、1時間あたり360°÷24時間＝15°回転する。

したがって、求める時差は120°÷15°＝8時間となる。

本初子午線とは、経度0度0分0秒（分は度の60分の1、秒は分の60分の1の角度）と定義された子午線で、地球上の経度・時刻の基本となる。ちなみに、本初子午線は、かつてイギリスのグリニッジ天文台を基準としたグリニッジ子午線としていたが、地球の座標のとり方の変更から、グリニッジ天文台の約100 m東を通るIERS基準子午線に変更された。

第15回正答率89.4%

 ① 江戸時代の日本では天体観測の原点は江戸城を通る子午線とされていた

日本では古代から江戸時代まで、天体観測の原点は天文博士や暦博士がいる平城京や平安京などの都に置かれていた。

② アリスタルコス

アリスタルコスは、古代ギリシャの数学者・天文学者で、地動説（太陽中心説）を唱えた最初の人だと考えられているが、当時その説はほとんど支持されなかったとされる。長く天動説（地球中心説）が信じられてきたが、コペルニクスが地動説を唱えてからも、それが支持されるまでは時間がかかっている。　　　　　第 14 回正答率 54.6%

④ 周転円

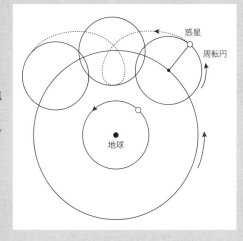

プトレマイオスは周転円を導入することにより、惑星などの運行速度や進行方向の変化を精度よく記述することに成功し、『アルマゲスト』を著した。

惑星

周転円

地球

② 『天体回転論』

ニコラウス・コペルニクスは、天動説では火星と太陽の軌道が交差することから、アリスタルコスの理論を検討し、地動説を唱えた。『天体回転論』は彼がなくなる年に出版された。『アルゲマスト』はプトレマイオス、『星界の報告』はガリレオ・ガリレイ、『プリンキピア』はアイザック・ニュートンが著した。

Q 19 次のうち、ケプラーの三法則の確立に貢献した精緻な眼視観測記録を残した人物は誰か。

① 　② 　③ 　④

ティコ・ブラーエ　　ガリレオ・ガリレイ　　ニコラス・コペルニクス　　ウィリアム・ハーシェル

Q 20 ティコ・ブラーエの業績はどれか。

① 当時主流だった地球中心説（天動説）を覆し、太陽中心説（地動説）を唱えた
② 超新星や彗星の観測からアリストテレスの考え（月より上は月より下とは異なる永久不変な世界）を反証した
③ 惑星が太陽を焦点とした楕円軌道上を公転することを見出した
④ 金星の満ち欠けを発見した

Q 21 次の事柄を時代の古い順に並べたとき、2番目に来るのはどれか。

A：ティコ・ブラーエが肉眼により精度の高い観測をした。
B：アリスタルコスが太陽中心説（地動説）を提唱した。
C：ヨハネス・ケプラーが惑星の運動を司る法則を発見した。
D：プトレマイオスが天動説を集大成した。

① A　　② B　　③ C　　④ D

Q22 天文学の歴史に望遠鏡が登場してからおよそ何年くらい経っているか。

① 200年

② 400年

③ 800年

④ 1000年

Q23 望遠鏡の形式で、実在しないものは次のうちのどれか。

① ガリレオ式

② ケプラー式

③ ニュートン式

④ ティコ・ブラーエ式

Q24 ガリレオが製作した望遠鏡のしくみを表しているものはどれか。

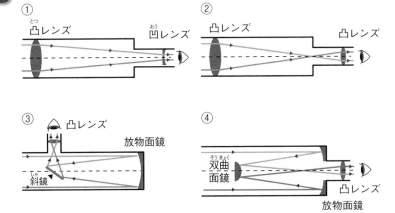

① ティコ・ブラーエ

ヨハネス・ケプラーはティコ・ブラーエと共に観測研究をおこなったが、ブラーエは生前、その観測データをケプラーに見せることはなかったといわれている。ケプラーは、ブラーエ没後、彼の残した約20年にわたる膨大で精確な観測データを用いて研究を続け、ケプラーの三法則を発見した。②のガリレオ・ガリレイは天体望遠鏡で月のクレーターなどを発見した、③のニコラス・コペルニクスは地動説を唱えた、④のウィリアム・ハーシェルは天王星を発見した。 第15回正答率 54.3%

 ② 超新星や彗星の観測からアリストテレスの考え（月より上は月より下とは異なる永久不変な世界）を反証した

ティコ・ブラーエは精密で長期にわたる天体観測を行い、②の業績を残した。ヨハネス・ケプラーはティコ・ブラーエの観測結果をもとにケプラーの三法則を発見した。①はニコラウス・コペルニクス、③はヨハネス・ケプラー、④はガリレオ・ガリレイの業績である。ちなみに、ティコは20歳の頃、従兄弟と口論の末に決闘となり、このとき鼻を切られ、以後真鍮製の付け鼻をして過ごした。 第13回正答率 35.4%

 ④ D

アリスタコス→プトレマイオス→ティコ・ブラーエ→ヨハネス・ケプラーの順となる。必ずしも天動説の方が地動説よりも古いとは一概に言えないことに注意しよう。

A22 ② 400年

現在、オランダ人のリッペルヘイが1608年に提出した望遠鏡の特許申請の記録が残されている。その翌年には、ガリレイは望遠鏡を自作し、木星の衛星や金星の満ち欠けなどの観測を行った。

A23 ④ ティコ・ブラーエ式

一般的な望遠鏡の形式を覚えていれば、消去法で解答することが可能である。ガリレオ式望遠鏡は対物レンズに凸レンズ、接眼レンズに凹レンズを用いた望遠鏡。ケプラー式は対物レンズと接眼レンズいずれにも凸レンズを用いた望遠鏡。ニュートン式は対物レンズの代わりに凹面鏡を用い、鏡筒の前方で平面鏡を使って光の方向を90度変えて、凸レンズの接眼レンズで像を見るタイプの望遠鏡。ティコ・ブラーエ式望遠鏡はないが、ティコ・ブラーエは望遠鏡が発明される以前の天文学者であり、1601年に亡くなっっている。これはオランダで望遠鏡が発明されたとされる1608年より前であり、望遠鏡を知るよしもなかった。当然ながら望遠鏡の形式を考案もしていない。ヨハネス・ケプラーはティコの眼視による高精度の火星の観測結果を基に、ケプラーの三法則を導いた。

A24 ①

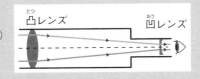

①はガリレオ式屈折望遠鏡、②はケプラー式屈折望遠鏡、③はニュートン式反射望遠鏡、④はカセグレン式反射望遠鏡である。ガリレオ式望遠鏡を最初に作ったのは誰かはっきりしないが、「オランダで望遠鏡が発明された」と聞いたガリレオが凸レンズと凹レンズを用いて試作した。正立像が得られるのが利点だが、倍率を2倍、3倍…にすると、視野が1/4倍、1/9倍…になるのが難点である。

Q25 ケプラー式望遠鏡をガリレオ式望遠鏡と比べた場合、間違っているものはどれか。

① ケプラー式望遠鏡の方が視野が広い
② ケプラー式望遠鏡は凹レンズを使用している
③ ケプラー式望遠鏡は倒立像になる
④ ケプラー式望遠鏡の方が高倍率にできる

Q26 国友藤兵衛が行わなかったことはどれか。

① 太陽黒点の観測
② 月の観察
③ 屈折望遠鏡の製作
④ 反射望遠鏡の製作

Q27 日本で最古の月面スケッチを残した人物は誰か。

① 麻田剛立
② 伊能忠敬
③ 国友藤兵衛
④ 渋川春海

Q 28

ガイア衛星は何を主な目的としているか。

① 宇宙最初の天体の発見

② 天体の精密な位置の測定

③ 太陽系外の惑星の探査

④ ブラックホールの観測

Q 29

次の画像の中で、ジェイムズ・ウェッブ宇宙望遠鏡はどれか。

①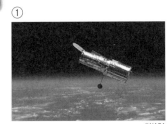
©NASA

②
©ESA/ATG medialab; background: ESO/S.Brunie

③
©NASA/Desiree Stover

④
©NASA

Q 30

2021年12月25日に打ち上げが成功し、現在大活躍をしているジェイムズ・ウェッブ宇宙望遠鏡の口径はどれくらいか。

① 2.4 m

② 6.5 m

③ 8.2 m

④ 30 m

② ケプラー式望遠鏡は凹レンズを使用している

ガリレオ式望遠鏡は凸レンズと凹レンズを組み合わせた望遠鏡で、正立像が見えるものの視野が狭く高倍率にしにくいという欠点があった。ケプラーは接眼レンズに凸レンズを使用することで、倒立像にはなるもののこれらの欠点を改善させた。

第15回正答率 54.7%

③ 屈折望遠鏡の製作

江戸時代の鉄砲鍛冶、国友藤兵衛は、日本で初めて反射望遠鏡を自作した。その精度を確認するためにも、太陽、月、惑星などの観測を行いながら、望遠鏡の改良につとめた。また、太陽黒点を1年以上にわたって連続観測し、黒点数の増減を記録している。反射望遠鏡は4台が現存し、反射鏡は今でも輝きを保っているという。他にも種々の実用具を製作した。

① 麻田剛立

麻田剛立は故郷の豊後国（現在の大分県）を脱藩した後、大阪で天文暦学の研究を続け、オランダから輸入した反射望遠鏡で月などを観察した。剛立が開いた先事館からは高橋至時や間重富といった優秀な人材が輩出されている。月のクレーターにもその名前（アサダ）がつけられている。

A 28 ② 天体の精密な位置の測定

ガイア衛星は欧州宇宙機関のミッションで、ヒッパルコス衛星の後継機として天体の精密な位置測定を目的としている。ガイア衛星では、約10億個の天体をヒッパルコス衛星の200倍の精度で観測を行う。

第15回正答率 36.0%

③

©NASA/Desiree Stover

宇宙から様々な天体を観測する宇宙望遠鏡。③が正答のジェイムズ・ウェッブ宇宙望遠鏡で、2021年12月に打ち上げられ、2022年7月に最初の観測データが公開された。①は1990年に打ち上げられたハッブル宇宙望遠鏡、②は2013年にESAが打ち上げたガイア衛星。④は2020年代半ばに打ち上げを目指している広視野赤外線宇宙望遠鏡のナンシー・グレース・ローマン宇宙望遠鏡のイメージ図。

第15回正答率 48.9%

② 6.5 m

ジェイムズ・ウェッブ宇宙望遠鏡 (JWST) は口径6.5 mの主鏡を備えた可視光と赤外線を観測する望遠鏡で、光を集める能力はハッブル宇宙望遠鏡の6倍もある。2022年の夏頃から本格的に観測を開始し、宇宙最初の星 (ファーストスター) の発見や太陽系外惑星の観測など様々な成果が期待されている。①はハッブル宇宙望遠鏡 (HST)、③はすばる望遠鏡、④は30メートル望遠鏡 (Thirty Meter Telescope: 略称 TMT) の口径である。

8章

EXERCISE BOOK FOR ASTRONOMY-SPACE TEST

そして宇宙へ

Q1　日本の探査機と目的とする天体との組み合わせで、間違っているもの
はどれか。

① 探査機「さきがけ」：水星

② 探査機「のぞみ」：火星

③ 探査機「はやぶさ」： 小惑星イトカワ

④ 探査機「あかつき」：金星

Q2　次の人工衛星の画像は何か。

① スプートニク1号

② ルナ1号

③ おおすみ

④ エクスプローラー1号

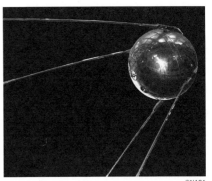

©NASA

Q3　世界初の有人宇宙船の名前はどれか。

① スプートニク1号

② ボストーク1号

③ ボスホート1号

④ ソユーズ1号

Q4 次の中で、探査機が着陸したものを選べ。

① 火星の衛星

② 木星の衛星

③ 土星の衛星

④ 冥王星の衛星

Q5 月面着陸が実現できなかったのは、次のうちどれか。

① アポロ11号

② アポロ12号

③ アポロ13号

④ アポロ14号

Q6 次のうち、人類が探査機の着陸に成功したことのない天体の種類はどれか。

① 衛星

② 準惑星

③ 彗星

④ 惑星

① 探査機「さきがけ」：水星

「さきがけ」はハレー彗星の探査を目的に1985年に打ち上げられた。観測後に日本初の人工惑星となった。「のぞみ」は火星の探査を目的としたが周回軌道投入に失敗した（2003）。「はやぶさ」は小惑星イトカワから地球に戻り、表面の物質（サンプル）を採集したカプセルを投下後、大気圏に突入し燃え尽きた。長い長い宇宙の旅であった。「あかつき」は2010年に周回軌道投入に失敗したものの2015年12月に再投入を試み見事に成功した。

第16回正答率 58.7%

① スプートニク1号

画像はスプートニク1号で、1957年にソ連によって打ち上げられた世界初の人工衛星。球体部分の直径は58 cmで、重量は83.6 kg。④エクスプローラー1号は1958年に打ち上げられたアメリカ初の人工衛星。当時のアメリカとソ連による宇宙開発競争において、ソ連のスプートニク1号の打ち上げ成功は、西側諸国には大きな衝撃を与え、スプートニクショックと呼ばれた。②ルナ1号は、1959年にソ連が打ち上げた月探査機。③おおすみは、1970年に打ち上げられた日本初の人工衛星。33年間地球を周回し、2003年に大気圏に再突入して燃え尽きた。

第15回正答率 51.7%

② ボストーク1号

1961年、ユーリ・ガガーリンを乗せて、世界初の有人宇宙船ボストーク1号が打ち上げられた。ちなみに、ボストークはロシア語で東方の意味がある。スプートニク（衛星）1号は1957年に打ち上げられた最初の人工衛星。ボスホート（日の出）はボストークの次代の宇宙船。ソユーズ（結合、団結）はドッキング機構を備えた宇宙船。

第13回正答率 40.6%

③ 土星の衛星

①火星の衛星フォボスには、かつてロシアが2011年に探査機「フォボス・グルント」でサンプルリターンを目指したが、火星に向かうことができず失敗に終わった。JAXAが2020年代に無人探査機を着陸させる計画があるが、2024年現在、着陸した探査機はない。②の木星では今までもないし、計画中の「エウロパ・クリッパー」もフライバイによる観測となる。③は土星探査機「カッシーニ」の子機、「ホイヘンス」が、2005年に衛星タイタンに着陸している。④は「ニューホライズンズ」が通過時に冥王星の衛星を観測したのみ。 第13回正答率 48.6%

③ アポロ13号

アポロ計画では1969年に11号で初めて有人での月面着陸に成功し、13号を除く17号まで計6回の有人月面着陸を成功させている。13号は月への途上で酸素タンクが爆発し、電力や水不足などに見舞われ、月面着陸は断念せざるを得なくなったが、乗組員は船内の月着陸船に乗り移り、無事に地球へと帰還した。

第15回正答率 50.0%

② 準惑星

現在、準惑星はケレス、冥王星、エリス、ハウメア、マケマケの5つがあり、そのどれにも着陸はしていない。衛星は月やタイタン、彗星はチュリュモフ・ゲラシメンコ彗星、惑星は金星や火星で探査機の着陸に成功している。 第14回正答率 46.6%

Q7 国際宇宙ステーションの建設が開始されたのは何年前か。

① 10年前
② 15年前
③ 25年前
④ 50年前

Q8 国際宇宙ステーションは地上からおよそ400 kmの高さで地球を回っている。地球をリンゴの大きさ（直径12 cm）とすると、国際宇宙ステーションはリンゴの表面からどれぐらいの距離を回っていることになるか。地球の直径を1万2000 kmとして計算せよ。

① 0.4 mm
② 0.8 mm
③ 4.0 mm
④ 8.0 mm

Q9 液体燃料ロケットの打ち上げ実験を、世界で初めて成功させたロケット工学者の名前は次のうちどれか。

① ヘルマン・オーベルト
② ロバート・ゴダード
③ ヴェルナー・フォン・ブラウン
④ 糸川英夫

Q 10

成層圏は図の A、B、C、D のうち、どの 領 域になるか。

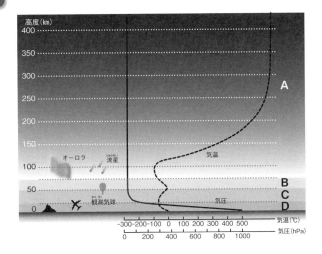

高度(km)
400
350
300
250
200
150
100
50
0

オーロラ　流星

観測気球

気温

気圧

A
B
C
D

-300 -200 -100　0　100 200 300 400 500　気温(℃)
0　　200　　400　　600　　800　　1000　気圧(hPa)

① A 　　　② B 　　　③ C 　　　④ D

Q 11

次のうち、その 姿 が主に見られる地上からの高さを、低い順で正しく並べているものはどれか。

① 飛行機—観測気球—国際宇 宙 ステーション—流星

② 観測気球—飛行機—流星—国際宇宙ステーション

③ 飛行機—観測気球—流星—国際宇宙ステーション

④ 観測気球—飛行機—国際宇宙ステーション—流星

Q 12

戦後日本初のロケット実験を成功させた「日本の宇 宙 開発の父」といえば誰か。

① 秋山豊寛　　　　　② 糸川英夫
③ 川口 淳 一郎　　　④ 小柴昌俊

③ 25年前

国際宇宙ステーションは1998年11月に最初のモジュールとなる「ザーリャ」が打ち上げられたことで開始された。その後、数十回にも及ぶ打ち上げで組立部品の運搬や作業が行われ、現在では高度400 kmほどを約90分で回る軌道に存在するサッカー場ほどの大きさの建造物となっている。　第16回正答率 53.0%

 ③ 4.0 mm

地球の直径1万2000 kmに対しリンゴの直径は12 cmであるから、1億分の1に縮尺して考えればよい。400 kmは400,000,000 mm。1億分の1にすると4.0 mm。また、1000 kmの1億分の1は1 cmであることを使えば、400 kmなら4 mmに相当することが導ける。宇宙といえど、国際宇宙ステーションは地球にへばりつくほど近い高さを回っているということがわかる。　第14回正答率 57.4%

 ② ロバート・ゴダード

本格的な宇宙開発が始まったのは、20世紀初頭の液体燃料ロケットの開発からといわれている。ゴダードは、後に「ロケットの父」とも呼ばれ、彼がおこなった液体燃料ロケットの打ち上げは、1926年3月16日マサチューセッツ州でおこなわれ、その技術を実証する貴重な実績となった。しかし、こうした研究が評価され始めたのは彼の死後のことで、NASAは1959年に初めて設置した宇宙飛行センターを、ゴダードの業績に敬意を表し「ゴダード宇宙飛行センター」と命名した。　第13回正答率 63.6%

③ C

地上から約10 kmまでは気温が減少し大気が対流する対流圏、その上層で約50 kmまでは気温が上昇し大気が安定する成層圏、そしてその上の気温が減少する中間圏を経て、気温が上昇して太陽系空間へ接続する熱圏となる。ちなみに、成層圏と中間圏の境目近傍で気温が上昇する理由は、太陽からの紫外線を酸素が吸収してオゾンになるためで、その結果、オゾン層もこの領域に形成される。

第14回正答率 66.0%

③ 飛行機―観測気球―流星―国際宇宙ステーション

飛行機は高度6〜20 km上空を運行している。観測気球は空気との比重の差による浮力を利用しているため、空気が薄い約30 kmを越えて上昇することは難しい。流星は宇宙空間から降り注ぐ粒子が、秒速数十kmで大気に突入することで、高度100 km前後の大気との摩擦熱で、大気が発光する現象。国際宇宙ステーションは、大気との摩擦による減速の影響がほとんどない高度約400 kmの地球周回軌道を回っている。

第13回正答率 37.3%

② 糸川英夫

糸川英夫は1955年にペンシルロケットの水平発射実験を成功させ、その後のロケット開発・宇宙開発の礎を築いた。小惑星探査機「はやぶさ」の目的地は、糸川英夫にちなんで「イトカワ」と名付けられた。川口淳一郎は、その「はやぶさ」のプロジェクトマネージャを務めた。秋山豊寛は、テレビ局勤務のときに日本人で初めて宇宙飛行を果たした。小柴昌俊は、自ら設計を指導したニュートリノ観測装置「カミオカンデ」によって史上初めて超新星からのニュートリノの観測を果たしたことにより、ノーベル物理学賞を受賞した。

第15回正答率 88.5%

糸川英夫教授らが行った、東京都国分寺市でのペンシルロケットの水平発射実験で使われたペンシルロケットの全長はどれくらいか。

① 12 cm

② 15 cm

③ 18 cm

④ 23 cm

宇宙線の粒子で最も多いものはどれか。

① 中性子

② 電子

③ ミュー粒子

④ 陽子

日本の宇宙開発の先駆けは、糸川英夫教授によるペンシルロケットの発射実験である。次の海外の宇宙開発の出来事の中で、ペンシルロケットの発射実験が行われた年に最も近いものはどれか。

① スプートニク1号による人類初の人工衛星の打ち上げ（ソ連）

② ボストーク1号による人類初の有人宇宙飛行（ソ連）

③ マリナー2号による人類初の惑星（金星）探査（アメリカ）

④ アポロ11号による人類初の月面着陸（アメリカ）

Q 16 地上で水平に放つと、一直線に飛ぶ紙飛行機を宇宙船内で飛ばすとどうなるか。ただし、紙飛行機が空気から受ける揚力の向きを上とする。

① 真っ直ぐ飛ぶ

② 上へ曲がる

③ 下へ曲がる

④ 左右どちらかに曲がる

Q 17 国際宇宙ステーションの宇宙飛行士は、通常どのくらいの期間で交代しているか。

① 2カ月

② 3カ月

③ 6カ月

④ 12カ月

Q 18 ISSや人工衛星についての記述のうち、正しいものはどれか。

① ISSより高い軌道を飛んでいる地球観測衛星はない

② 月や惑星探査のための探査機を飛ばすこともISSの役割の一つである

③ ISSでは、無重力(微小重力)や高真空などの特殊な環境を利用した実験が行われている

④ ISSはカーナビゲーションのためのGPSの電波を出している

 ④ 23 cm

糸川英夫教授らは、わずか23 cmという小さなロケットをあえて水平発射させること
で、安価な設備で、加速度や姿勢などロケット飛翔に関する基礎データの取得に成
功した。このユニークなロケット水平発射実験は世界的に高く評価され、ペンシルロ
ケットはアメリカのスミソニアン航空宇宙博物館でも展示されている。

 ④ 陽子

宇宙線は宇宙を飛び交う高エネルギー粒子のことで、主な成分は陽子でおよそ90%
を占める。地上では大気や磁場がバリアの役目を果たし、生き物にとって有害なこれ
らの宇宙線から守られているが、宇宙空間では宇宙線の影響を十分に考慮しなけれ
ばならない。

第16回正答率11.5%

 ① スプートニク1号による人類初の人工衛星の打ち上げ（ソ連）

スプートニク1号の打ち上げは1957年。ボストーク1号の打ち上げは1961年。マリ
ナー2号の打ち上げは1962年。アポロ11号の月面着陸は1969年。日本のペンシ
ルロケット実験は1955年に行われた。わずか23 cmの小さな機体による水平発射実
験で、ロケットの基礎的な飛翔データを得ることが目的であった。 日本の宇宙開発
が産声を上げたのは、ソ連による人類初の人工衛星の成功とほぼ同時期。ソ連やアメ
リカと比べて、日本はかなり遅れてスタートを切ったことがうかがえる。

② 上へ曲がる

地上では下向きの重力と上向きの揚力が釣り合って、紙飛行機が水平に飛ぶことができる。一方、無重量状態の宇宙船内では、紙飛行機には揚力しか働かないため、揚力の方向に曲がろうとする。船内空間が広ければ、宙返りできるはずである。ちなみに、宇宙飛行士の若田光一さんが、国際宇宙ステーション（ISS）でおこなったおもしろい実験の動画がインターネット上にある。検索して一見する価値あり。

第 13 回正答率 74.8%

③ 6カ月

国際宇宙ステーションは様々な国の宇宙飛行士が現在では7名体制（それまでは6名体制）で運用を行っており、3～4名がおよそ半年ごとに交代する。2023年3月12日には日本人宇宙飛行士である若田光一さんがISSの滞在を終え、ほか3名の宇宙飛行士とともに無事に地球へと帰還した。ちなみに、特別な医学データをとるために、1年間の滞在を計画・実行した宇宙飛行士が2名いる。これは特別なミッションであり、「通常」ではない。

第 15 回正答率 68.1%

③ ISSでは、無重力（微小重力）や高真空などの特殊な環境を利用した実験が行われている

①地球観測衛星の高度は400～1000 kmが多く、ISSの高度（350～400 km）より高いものが多いので間違い。

②探査機はそれぞれ、ロケットで打ち上げられており、ISSから飛ばすことはないので間違い。

③が正答。

④GPSの電波はGPS衛星から発信されているので、間違い。

第 15 回正答率 85.7%

Q 19 国際宇宙ステーションでは、宇宙の特殊な環境を利用したさまざまな研究が行われているが、次のうち、その特殊な環境ではないものはどれか。

① 高い圧力
② 無重力 (微小重力)
③ 大量の放射線
④ 広大な視野

Q 20 次のうち、独自の宇宙ステーションのモジュール打ち上げに成功した国はどれか。

① アメリカ
② ロシア
③ 日本
④ 中国

Q 21 2023年9月に、打ち上げが成功した日本の月面着陸探査機の名前はどれか。

① SMART
② SPIRIT
③ SLIM
④ SLENDER

Q 22

歴史上初めての小惑星探査を行った探査機は次のうちどれか。

① 火星探査機「バイキング1号」

② 木星探査機「ガリレオ」

③ 小惑星探査機「ニア・シューメーカー」

④ 土星探査機「カッシーニ」

Q 23

次のうち、液体燃料ロケットはどれか。

① イプシロンロケット

② H-ⅡAロケット

③ ミューロケット

④ ラムダロケット

Q 24

国際宇宙ステーションにある日本の実験棟「きぼう」は、次の写真のどこにあるか。

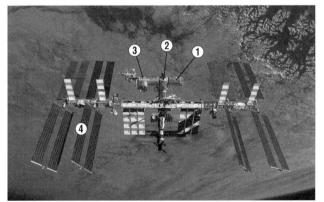

©JAXA/NASA

① 高い圧力

国際宇宙ステーション（ISS）では、無重力（微小重力）、高真空、放射線、広大な視野、豊富な太陽エネルギーなど地上では得られない特殊な環境が得られるため、それらを利用した研究がISSで行われている。高い圧力を得るためにISSなどの宇宙空間へ行く必要はない。ISSでの研究の例としては、無重力では比重が違っても物質が浮上・沈降することがないことを利用した新しい合金をつくるための研究や、生物への宇宙放射線の影響を調べる研究、また、ISSから宇宙全体を見渡して超新星爆発などの現象をすばやく見つけるものなどがある。 第13回正答率47.5%

④ 中国

国際宇宙ステーション（ISS）では、日本は実験モジュールと輸送宇宙船の提供、ロシアとアメリカは有人宇宙船とISSの主要部分を受け持っている。またヨーロッパやカナダなどもパーツを提供している。中国は、独自で有人宇宙計画を進めており、すでに自前のロケットでの有人宇宙飛行、宇宙遊泳を成功させ、宇宙ステーション建設を行っている。

③ SLIM

③のSLIM（Smart Lander for Investigating Moon）である。SLIMは、日本初の月面着陸を目指す無人の小型月着陸実証機で、「かぐや」が収集したデータを活用するなどして、目標地点から誤差100 m程度と精度の高い着陸に挑戦。2023年9月に打ち上げ、2024年1月に月面着陸が成功した。①はSLIMに含まれている単語。ヨーロッパ宇宙機関の月探査用技術試験衛星の名前に「SMART1」がある。②はアメリカの火星探査機の名称。④はSLIMと似た意味の単語である。 第16回正答率67.6%

② 木星探査機「ガリレオ」

ガリレオは1991年、木星に向かう途中に小惑星ガスプラへ接近して観測した。これが初めての小惑星のフライバイ探査である。その2年後、小惑星イダの観測を行い、その際の観測写真から翌年にイダを回る小惑星の衛星ダクティルも発見している。ちなみに、①バイキング1号は小惑星探査をしていない。③ニア・シューメーカーは1997年に小惑星マチルドに接近。④カッシーニは2000年に小惑星マサースキーを遠方から撮影。

② H-ⅡAロケット

ロケットは大きく分けて2種類あり、固体燃料（M-Vなど）を使ったものと液体燃料（H-ⅡAなど）を使ったものである。日本の固体燃料ロケットは糸川英夫教授らによるペンシルロケットの水平発射実験からの系譜を引き継いでおり、それはギリシャ文字を使ったロケット名にもあらわれている。

第13回正答率 52.7%

③

①はヨーロッパ実験棟「コロンバス」、②は居住棟「ハーモニー」、③が日本実験棟「きぼう」、④は太陽電池。ISSには表面に無数の太陽電池を張り付けた板のような平面の構造物が取り付けられている。他には、ロシアのモジュール「ズヴェズダ」や「ザーリャ」が設置されている。きぼうは、4人が乗り込むことができ、宇宙空間に暴露した場所に実験機器をとりつけられるのが特徴である。ここには宇宙からのX線を観測する装置のMAXIや、次世代水再生実証システム（JWRS）などが設置されている。

第16回正答率 55.2%

Q 25
ボイジャー探査機、ガリレオ探査機、ジュノー探査機が観測した惑星(わくせい)として、共通のものはどれか。

① 火星

② 木星

③ 土星

④ 天王星(てんのうせい)

Q 26
惑星探査機(わくせいたんさき)の中には、地球外生命体に向けてのメッセージが乗せられているものがある。次の図のような、地球や人類の姿などを線画で示した金属板が取り付けられた探査機は次のうちどれか。

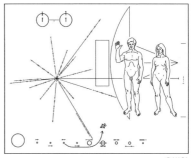

© NASA

① 惑星探査機(わくせいたんさき)パイオニア

② 惑星探査機ボイジャー

③ 火星探査機バイキング

④ 冥王星(めいおうせい)探査機ニューホライズンズ

Q 27
次の日本の人工衛星(えいせい)のうち、天文観測衛星(てんもんかんそく)はどれか。

① いぶき　　② だいち

③ ふよう　　④ ひので

Q 28 日本の天文衛星の１つ「すざく（ASTRO－E2）」は、何を調べることができた人工衛星か。

① 赤外線で星が誕生する現場を探る
② 地上の電波望遠鏡と共同で行う電波観測の可能性を探る
③ Ｘ線で遠方銀河団を観測し、宇宙の進化を探る
④ 地球の磁気圏を観測し、オーロラ発生のメカニズムを探る

Q 29 図は宇宙エレベーターを表したものである。地球の中心から静止軌道ステーションまでの距離はいくらか。

① 約２万9000 km
② 約３万6000 km
③ 約４万2000 km
④ 約５万5000 km

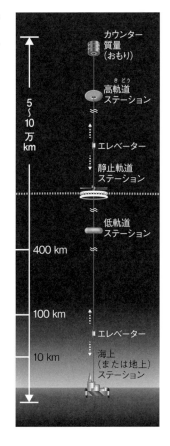

 ② 木星

ボイジャー1号・ボイジャー2号は1979年に木星への接近通過時、ガリレオ探査機は1995～2003年に周回軌道上から木星や衛星などの観測を行った。ジュノー探査機は2016年に木星の極周回軌道に入り、現在でも活動中である。

第15回正答率 65.5%

 ① 惑星探査機パイオニア

パイオニア10号、11号のアンテナ支柱上に取り付けられた。幅229 mm、高さ152 mm、厚さ1.27 mm。ボイジャー1号、2号には、線画メッセージと合わせて音声情報なども記録された金属レコード盤が搭載されている。

 ④ ひので

天文観測衛星とは、望遠鏡や検出器を搭載し、大気の影響を受けない宇宙空間で天体観測を行う人工衛星をいう。④「ひので」は太陽観測に特化した天文観測衛星として、2024年現在、現役で活躍している。①「いぶき」は、二酸化炭素やメタンなどの濃度分布を宇宙から観測する温室効果ガス観測技術衛星。②「だいち」は地図作成や災害状況把握、資源調査などに貢献した地球観測衛星（2011年に運用停止）。現在は「だいち2号」が運用中だ。③「ふよう」は資源探査を主な目的に打ち上げられた地球観測衛星（1998年に運用停止）。

第14回正答率 58.6%

③ X線で遠方銀河団を観測し、宇宙の進化を探る

「すざく（ASTRO−E2）」は2005年に打ち上げられたX線天文衛星で、10年を経て2015年に運用終了。X線・ガンマ線による宇宙高エネルギー現象の研究、宇宙の構造と進化の研究、ブラックホール候補天体と活動銀河核の広帯域のスペクトル研究、に関する観測を行った。

③ 約4万2000 km

静止軌道の高度は約36,000 kmだが、これは地表からの距離であり、地球の中心からの距離はもっと長い。すなわち、地球の半径約6,400 kmを加えて、
36000 + 6400 = 42400であり、2桁で約42,000 kmとなる。

第14回正答率 24.6%

8章

そして宇宙へ

監修委員 （五十音順）

池内　了.........総合研究大学院大学名誉教授

黒田武彦.........元兵庫県立大学教授・元西はりま天文台公園園長

佐藤勝彦.........東京大学名誉教授・明星大学客員教授・日本学士院会員

沢　武文.........愛知教育大学名誉教授

柴田一成.........京都大学名誉教授・同志社大学客員教授

土井隆雄.........宇宙飛行士・京都大学特定教授

福江　純.........大阪教育大学名誉教授

吉川　真.........宇宙航空研究開発機構准教授・はやぶさ２ミッションマネージャ

天文宇宙検定　公式問題集
3 級 星空博士　2024 〜 2025 年版

天文宇宙検定委員会　編

2024 年 4 月 30 日　初版 1 刷発行

発行者　　　片岡　一成
印刷・製本　株式会社ディグ
発行所　　　株式会社恒星社厚生閣
　　　　　　〒 160-0008
　　　　　　東京都新宿区四谷三栄町 3 番 14 号
　　　　　　TEL　03（3359）7371（代）
　　　　　　FAX　03（3359）7375
　　　　　　http://www.kouseisha.com/
　　　　　　https://www.astro-test.org/

ISBN978-4-7699-1705-2 C1044

（定価はカバーに表示）